大学生公共基础课系列教材

U0192587

人工智能基础

耿　煜　任领美　主　编

李永红　黎　丽　柳　伟　副主编

电子工业出版社·

Publishing House of Electronics Industry

北京·BEIJING

内 容 简 介

本书采用图形化交互式人工智能软件"橙现智能"（Orange3）为工具讲解人工智能的基础应用知识和技能，采用图形化的形象方法方便读者对知识的理解。全书分为三个部分，第一部分介绍人工智能技术的概况，第二部分介绍若干常用的人工智能技术及其应用方法，最后一个部分介绍有关人工智能伦理的相关内容。本书的特色可以概括为"形象化概念理解，鼓励自我引导，强调技术应用"。本书鼓励读者自我引导，从合适的问题导入出发，引导读者自我寻找答案。为了做到这一点，本书在知识点介绍和讲解之前，进行适当的问题引导，通过生活中的类似问题，引导读者主动思考，使其在一个个问题的引导下恍然大悟，从心里感受人工智能各个知识点的内在逻辑。

本书将所涉及的深奥难懂的人工智能原理进行图形化展现及讲解，让读者能够从直觉上理解而不是从概念上或者公式上加以所谓的理解。本书可作为人工智能应用入门者、人工智能技术应用者、高职高专及应用型本科学生人工智能通识课教材。

未经许可，不得以任何方式复制或抄袭本书之部分或全部内容。

版权所有，侵权必究。

图书在版编目（CIP）数据

人工智能基础 / 耿煜，任领美主编 . —北京：电子工业出版社，2022.7

ISBN 978-7-121-42845-6

Ⅰ . ①人… Ⅱ . ①耿… ②任… Ⅲ . ①人工智能—高等职业教育—教材 Ⅳ . ① TP18

中国版本图书馆 CIP 数据核字（2022）第 021562 号

责任编辑：魏建波

印　　刷：中国电影出版社印刷厂

装　　订：中国电影出版社印刷厂

出版发行：电子工业出版社

　　　　　北京市海淀区万寿路 173 信箱　邮编 100036

开　　本：787×1092　1/16　　印张：11.5　字数：294.4 千字

版　　次：2022 年 7 月第 1 版

印　　次：2024 年 12 月第 7 次印刷

定　　价：49.00 元

凡所购买电子工业出版社图书有缺损问题，请向购买书店调换。若书店售缺，请与本社发行部联系，联系及邮购电话：（010）88254888，88258888。

质量投诉请发邮件至 zlts@phei.com.cn，盗版侵权举报请发邮件至 dbqq@phei.com.cn。

本书咨询联系方式：（010）88254609 或 hzh@phei.com.cn。

前言

创作背景

人工智能是类似电力的一种赋能技术，其真正的威力来自"人工智能 +X"带来的巨大驱动力，与人工智能应用型人才的数量和质量密切相关。十九大报告指出"推动互联网、大数据、人工智能和实体经济融合，在中高端消费、创新引领、绿色低碳、共享经济、现代供应链、人力资本服务等领域培育新增长点、形成新动能。"人工智能技术所具有的辐射效应、放大效应和溢出效应，使其具备增强任何领域技术的潜力。

绪论

教育是"人工智能 +X"的人才保证，可确保有一大批懂得用人工智能驱动其他行业领域的应用型人才，从而赋能经济社会。2017 年，中国政府发布《新一代人工智能发展规划》，提出加快人工智能高端人才培养。习近平总书记多次专门强调人工智能人才的培养，"培养大批具有创新能力和合作精神的人工智能高端人才，是教育的重要使命。"

"人工智能 +X"教育保证了我国在人工智能应用技术领域处于不败之地。在美国正在全方面限制中国发展的大背景下，需要更多研究型人才，也需要更多应用型人才。要打破美国的科技封锁，离不开科技的创新。创新的科技要真正地从实验室走到国内市场甚至国外市场，需要大量的应用型人才进行钻研、推广、落地实施，这些应用型人才大量来源于高职高专院校和应用型本科学校。

把握人工智能技术趋势，真正让人工智能赋能经济发展，需要更多的"人工智能 +X"应用型人才，需要更好的"人工智能 +X"教育。为了将人工智能应用技术让更多的人应用起来，我们精心设计所有内容，以确保读者能学、会用、可进阶。

创作经历

为了使人工智能赋能新时代，在学校及各二级学院领导的支持下，本书作者着手编写一本面向本校全体新生的人工智能通识课教材。我们的目标是学生学习本课程之后，虽然不一定完全理解了人工智能，甚至可能不怎么懂人工智能，但是可以使用人工智能技术解决相关行业的一些问题。目前的人工智能通识类教材往往重理论而轻应用，或者偏重应用却依赖Python 编程。本科院校及高职高专院校的目标是培养技术的应用型人才，那么这些学校讲授的人工智能就必须是可以应用的人工智能技术。如果沿着传统的"人工智能理论→ Python编程"的路径教学，一半学生可能会因为理论不过关而放弃，另一半学生可能会因为实在学不会编程而放弃。试想一个商科学生使用人工智能方法预测流失客户，或者一个金融专业的

专业的学生使用人工智能方法判断信用卡诈骗情况，这些学生明明知道可以使用人工智能技术但是就是不会应用，这该是多么可惜的一件事情。

为此，本书作者联合深圳市兆阳信息技术研究院，基于开源软件 Orange3，本地化地定制了全中文版本的"橙现智能"，使学生使用鼠标、轻松拖曳，就能进行一项复杂的人工智能应用分析。以此软件为工具，本书简化人工智能应用，降低门槛，并配以大量生动有趣的图形化概念讲解，为读者进行人工智能应用打下良好的基础。

本书要点

对于具有理工科背景的同学来说，建议从头至尾学习每章内容以了解每个模型的原理及其应用。对于非理工科背景或者仅关心模型应用的同学，可以直接阅读模型使用的部分，而将模型原理部分当作手册参考即可。

软件下载请访问：https://chengxianzn.one/downloads/，或者扫描图 1 二维码访问，Windows用户可以直接下载"Orange3-27.3（已安装大量插件）.rar"，这样可以省去日后学习还需要装插件的过程。如果不想提前安装插件，下载"Orange3-27.3.zip"或者"Orange3-27.3.7z"均可，区别只是压缩程序不一样而已。上述压缩包解压后，出现"Orange3"快捷方法，双击稍等即可启动程序。

图 1　软件下载地址二维码

每章最后都有课后练习部分，请读者能够仔细思考。所有答案，模型源文件和数据都可以扫描图 2 的二维码索取。

图 2　关注公众号查看本书所有练习，模型源文件和数据

更多反馈可以加作者微信（见图 3）进入交流群交流。

图 3　作者微信

编写分工

耿煜：主要负责全书的组织设计、案例分析和整体结构，主笔第 2、6、7 和 8 章。

李永红：主要负责案例搜集整理与筛选，主笔第 3、4 和 5 章。

任领美：主要负责人员协调组织调度，主笔第 1 章。

黎丽：主组要负责全书校对整理，主笔第 9 章。

柳伟：主要负责项目规划与进度控制、案例分析和整体结构、全书初稿审核。

致谢

感谢学院各位老师和学生的帮助，尤其是李华老师提供了大量的原创图片，郝志勇、张存家、赵学华、陈建刚等老师帮忙收集了大量案例，感谢我们的家人、朋友。没有你们的帮助就没有这本书的问世。

2021 年 9 月

目录

Contents

1

人工智能初识

　　小明同学是一名大一新生，他以优异的成绩考进了大学，终于摆脱了高中的紧张生活，他想充分利用报到前的时间好好休息、轻松一下。他有一个爱好，就是看科幻电影，于是在快开学前几天，小明同学专心致志地开始刷剧了。每天看若干集《星际迷航》系列剧，再加上一两集科幻电影，比如《终结者》《机械公敌》《人工智能》。

人工智能到
校园

　　作为一个资深科幻迷，对人工智能略知一二的小明同学陷入了沉思：虽然"人工智能"已经深入了我们的生活，无论是各大商场里面根据你的问题帮你推荐店铺的机器人、可以进行对话的智能音箱，还是北京的无人驾驶出租车，如图1-1所示，但都不及电影中出现的那么多种不同的具有智慧的机器人，它们比现实生活中所见的机器人智能、科幻得多。难道现有的一切仅仅是人工智能的一个简单的开始？在人工智能的浪潮下，在后续发展的某一天，人类的生活真的会达到科幻电影中的境界吗？小明心想，在后续的大学生活里要继续寻找答案，探索深层次的奥秘。

图 1-1　机器人、智能音箱"小爱同学"、无人驾驶出租车

想一想

- 你看过哪些与人工智能相关的电影或电视剧？电影或电视剧中哪里体现了人工智能技术？

  _____

  _____

- 回顾你看过的与人工智能相关的电影或者电视剧，它们有什么时代特色吗？你觉得它们反映了当时的什么时代背景？

  _____

  _____

1.1　人工智能来到校园

1.1.1　报到的路上

今天要到梦寐以求的大学报到了，一早起来，小明就拎着沉重的行李从家里走出来，小明走到无人驾驶小汽车车门前，无人驾驶小汽车通过动作识别技术自动感应到小明的到来，并利用"刷脸"方式进行了身份验证后（图像识别），无人驾驶小汽车的车门就自动打开了，小明上车后车门自动关闭。"小明，欢迎乘坐无人驾驶小汽车，请问您要去哪里？"小明说出目的地后，小明就看到了无人驾驶小汽车显示屏上的目的地址（自然语言处理）。确定地址后，车子就开始启动了。"好无聊啊。"小明说了句，无人驾驶小汽车反馈道："推荐几首您爱听的歌曲给您。"无人驾驶小汽车根据小明之前的播放记录和喜好列表等信息，开始播放了小明喜欢的歌曲（智能推荐）。然而，因赶上了上班的早高峰，路上的车辆和行人特别多，路况比想象的要拥堵很多，于是无人驾驶小汽车结合通勤时间、历史交通数据以及当前的路况信息，选择了路况较好的街道行驶（路径规划）。路上的车流量和人流量都很大，但在车载传感器系统的感知下，比如车载摄像头/相机、车载雷达以及全球卫星导航等电子设备或传感器，无人驾驶小汽车精准感知路上的环境，准确地定位出路上的行人、障碍物，根据实时采集的数据进行实时定位分析，从而实时调整无人驾驶车的速度和行驶方向，自如地在马路上穿行（避障）（图 1-2）。最后，无人驾驶车安全、可靠地将小明送到了学习门口。

图 1-2　无人驾驶场景

1.1.2 正式报到

跨越了千山万水，穿越了人潮人海，小明终于赶到了学校门口。

"你好，小明，今天是报到的第一天，欢迎你准时来到校园报到。"一个机器人感应到小明的到来，来到小明面前说，并在屏幕上显示了小明的相关信息："小明，男，录取专业：人工智能专业，录取班级：人工智能 3-1 班"（图 1-3）。小明大惊："咦，机器人怎么知道我的名字，怎么有我的录取信息？"原来，学校前不久购置了迎新机器人，对录取学生信息，包括人脸头像、个人基本信息以及录取信息等进行了训练和学习。这个机器人能够准确地识别学生的人脸，这样，学生就能够准确确定录取信息，办理报到手续。

图 1-3　新生报到现场

从来到校园门口到报到结束，整个过程只花了几分钟的时间，小明感慨道，要是以前，估计要各种搬运行李，到处询问，至少需要几个小时才能办理完所有的报到手续。今天的智能机器人通过人脸识别技术，识别出小明，并为小明提供了报到的相关信息，让报到效率大大提高，很好地解决了新生报到碰到的各种复杂手续和流程。人脸识别是图像识别技术的重要应用，对相关技术更为深入的探讨请详阅第 5 章图像识别。

1.1.3 赶往教室

从宿舍出来，小明打开他的智能滑板车（图 1-4），可视化交互仪表盘上显示开机车况自检正常，电量充足。小明在地点位置输入了 7 号楼教室，路由寻径模块在高精地图绘制的路网基础和最优策略定义下，立刻帮他计算出了一个最佳道路行驶序列，并语音提示："道路序列规划完毕，请上车。"现在已经是校园早高峰时段，一路上去用餐、上课的同学越来越多。智能滑板车通过视觉类摄像头及时获取外部环境图像信息，检测和识别路面的位置、障碍物、行人、车辆以及交通标志等，通过雷达类测距传感器制作准确详细的三维实时高精地图，并配合算法实现激光定位。尽管路上的环境复杂多变，但因为多种环境传感技术有机融合，能够给智能滑板车的"大脑系统"发出安全精准的指令，使得它始终能完美地避开障碍物，自动平稳地运行。最终小明按计划准时到达了教室。

图 1-4　智能滑板车

在无人驾驶的时代，自动驾驶能够根据大数据分析，自动地规划行驶路径，在车载传感器感知周围环境的基础上，能够实时避障、调整行驶方向，有效地控制车辆安全的行驶。那么，它是如何利用现有的数据，自动规划行驶路径的呢？更深入的技术探索请详阅第 8 章内容。

1.1.4　公选第一课

刚赶到教室，"叮铃铃"铃声就响了，小明万幸借助智能滑板车，及时赶到了教室，今天上的可是小明喜欢的公选课——金融理财，对金融一向感兴趣的小明，这学期一开始就选了一门与财经相关的公共选修课。今天的课程主要内容是"银行借贷决策问题"（图 1-5）。"在我们实际生活中，银行借贷问题非常普遍，买房、买车等情况都可以从银行借贷，但作为银行就要决定是否贷款给个人，这时就要综合考虑个人的实际情况，所以，在进行银行贷款时，银行往往需要个人提交各种材料，比如，个人的基本信息、个人的收入证明、存款和近半年的流水以及公司证明，等等，然后根据这些信息进行分析，判断是否给个人借贷。"

图 1-5　公选课

此时的小明想，这要用人工来判断会存在很多问题啊，尤其是人工判断时肯定存在疏忽，人为因素影响太大。"咦，最近不是正组织贫困生申报吗？这个银行借贷问题跟贫困生的判别类似，都是分类问题。"利用人工智能技术可以避免人工判断存在的问题。那这种分类问题的判断到底是怎么实现的呢？具体地，还要让我们一起深入学习第3章的内容。

1.1.5 餐饮推荐

终于到了下课时间了，肚子饿坏了，小明匆匆忙忙地赶到学校无人餐厅。在餐厅进门位置排列着几个小屏幕，小明走向前，智能屏幕已经识别出进入食堂的小明同学，并语音播报："欢迎小明同学。"同时屏幕根据以往小明的选餐口味和购买记录等信息，在后台进行匹配分析，向小明推荐了几个小明可能感兴趣的饮食，并智能地显示在屏幕上，小明知道这是利用人工智能技术实现的智能推荐，他对推荐的菜品很满意，会意地笑了笑，并点了"香菇牛肉饭"（图1-6）。深入的技术探索请详阅第8章的内容。

图 1-6　餐饮推荐

1.1.6 国外专家讲座：机器同传翻译系统

前两天就看到通知，今天下午学校邀请到了人工智能领域的国外知名专家来学校做讲座，只是专家来自国外，英文水平一般的小明虽然很想参会学习，心里还是有些惴惴不安。鼓足了勇气，小明还是按时参加了这次讲座。会议正式开始，在主持人用英文介绍嘉宾的时候，小明眼前一亮，主持人说的话在讲台的大屏幕上显示了出来，同时还有对应的翻译。小明之前有了解机器同传翻译系统，没想到今天就体验了一把。实际上，机器同传翻译系统的实质是实现了机器对人类的自然语言的理解，通过学习大量数据，实现实时的翻译。此外，机器同传翻译系统还具备预判能力，可以预测将要说的下一句话，因此能够在几秒钟内即可完成翻译，无须等待人们的停顿（图1-7）。

对我们使用的语言如何采用人工智能方法处理呢？具体地，还要让我们一起深入学习第6章的自然语言处理。

图 1-7　机器同传翻译系统

1.1.7　客户流失分析

终于到了周末，小明要到和自己住同一个城市生活的叔叔家做客，到了叔叔家，小明看到了人工智能是如何为保险公司提供客户流失分析的。小明的叔叔是车险公司的职员，刚到叔叔家，小明就看到叔叔正全神贯注地盯着家里的大屏幕，原来叔叔经营多年的老客户，最近都不买车险了，叔叔想知道到底是什么原因导致这些客户流失的。大屏幕根据叔叔提供的客户的基本信息，系统自动调出了这些客户的购买车险记录、用户汽车信息等信息。在这个系统的处理下，叔叔很快确定了客户真正的流失原因，系统还为叔叔提供了相应的营销策略（图 1-8）。

图 1-8　客户流失原因分析图

从确定客户流失原因以及提供相应的解决方案，整个过程就十几分钟的时间。小明感慨道，人工智能在数据分析方面真的很有用处，让工作效率大大提高。小明回忆到自己更换手机号码时，营业厅门可罗雀，也正是这个客户流失问题啊，具体的问题分析请详阅第 4 章的内容。

想一想

● 上面所提及的案例或相关技术，在你身边有没有已经开始应用的？调研一下，请将调研的应用及相关技术写到下面吧！

_____

_____

● 还有哪些场景中使用了人工智能技术呢？写一写你所了解的吧。

_____

_____

1.2 人工智能简史

人工智能已经处在时代浪潮的前沿，是近几年极为热门的一门技术，到处都有在提"人工智能"的，那么人工智能是最近才有的吗？实际上，早在二十世纪四五十年代，人类就已经开始探讨机器模拟智能了，让我们沿着人工智能的发展足迹一起探寻一下吧。

人工智能历史

1.2.1 人工智能的诞生：1930—1950 年

先来探讨下人类智慧与人工智能：如图 1-9 所示，人类智慧是人类通过身体获得各种外界信息，比如声音、颜色、外观、气味等信息，在大脑进行综合分析，进而可以产生一些思维判断。所以人类智慧不仅仅是看到的血肉，还有其中的"精神"或者说"神经"。而人工智能是致力于探索用于模拟人类智能的理论、方法和技术，致力于研究出像人类一样具有智能思考的机器人。类似地，对于人工智能来说，我们不仅仅需要计算机硬件本身感知外界资讯，还需要一种能够对这些信息进行加工和处理的实现人工智能的方法。那么我们有什么实现方法呢？

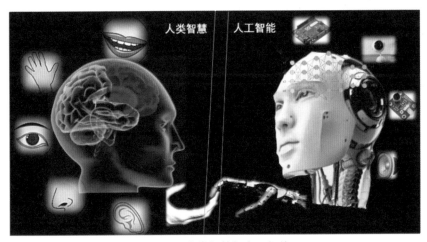

图 1-9　人类智慧与人工智能

图 1-10　图灵①

1936 年艾伦·图灵（图 1-10）预言了这种真正智能机器的可能性，并发明了通用图灵机。这种多用途模型可以"运行"任何指令序列。图灵自己描述说："它可以表达成一台单一的特殊机器，这种机器可以被塑造为去做所有工作。事实上，它可以被塑造成如同任何其他机器的模型般工作。这种特殊机器或许可以被称为通用机器。"

1950 年，图灵发表了题为《机器能思考吗》的论文。论文的开篇是一条明确的声明："我准备探讨'机器能思考吗'这个问题。"童心未泯的图灵设计了一个游戏来解释这个问题的实证含义：如果一台机器输出的内容和人类大脑别无二致的话，那么我们就没有理由坚持认为这台机器不是在"思考"。

图灵测试实际上是一种类似于黑盒对话的测试。测试由计算机、被测试的人和测试者组成，整个测试过程是在完全不接触的情况下进行的，由测试者提问，计算机和被测试的人分别做出回答，如图 1-11 所示。被测试的人在回答问题时尽可能表明他是一个"真正的"人，而计算机也将尽可能逼真地模仿人的思维方式和思维过程。测试者根据回答，判定与自己对话的是被测试的人还是机器。进

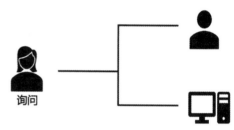

图 1-11　图灵测试示意

行多次测试后，如果有超过 30% 的测试者不能确定出被测试者是人还是机器，那么这台机器就通过了测试，并被认为具有人类智能。这个测试也就是著名的"图灵测试"。虽然图灵测试曾备受质疑，但图灵测试是人工智能哲学方面的一个重要提案，对人工智能的后续发展产生了极其重要的影响。

图 1-12　威廉·格雷·沃尔特的机器龟②

这一阶段的工作包括一些机器人的研发，例如，1948 年威廉·格雷·沃尔特（William Grey Walter）研发了一款类似乌龟的微型机器人（Turtles），并于 1951 年在"英国节"（Festival of Britain）上向公众展示。如图 1-12 所示，其感觉运动电路模拟了谢林顿的神经反射理论。这些情境机器人先驱的行为栩栩如生，如寻找光线、避开障碍，以及利用有条件的反射进行联想学习等，这款机器人并未使用计算机、数字电路和符号推理，控制它的是纯粹的模拟电路。

沃尔特·皮茨（Walter Pitts）和沃伦·麦卡洛克（Warren MclCulloch）分析了理想化的人工神经元网络，并且指出了它们进行简单逻

辑运算的机制。他们是最早描述所谓"神经网络"的学者。1951 年，他们的学生马文·闵斯基（Marvin Minsky）与其他研究者一道建造了第一台神经网络机，称为 SNARC（Stochastic Neural Analog Reinforcement Calculator），如图 1-13 所示。在这台神经网络中，人们第一次模拟了神经信号的传递，并在接下来的 50 年中，闵斯基是人工智能（AI）领域最重要的领导者和创新者之一。

1951 年，克里斯托弗·斯特雷奇（Christopher Strachey）使用曼彻斯特大学的 Ferranti Mark 1 机器写出了一个西洋跳棋（Checkers）程序；迪特里希·普林茨（Dietrich Prinz）则写出了一个国际象棋程序。在 20 世纪 50 年代中期和 60 年代初亚瑟·塞缪尔（Arthur Samuel）开发的西洋棋程序已经可以挑战具有相当水平的业余爱好者。游戏人工智能一直被认为是评价人工智能进展的一种标准。

图 1-13　马文·闵斯基与他的积木机器人 [1]

1956 年 的 达 特 茅 斯 会 议（Dartmouth Conference）（图 1-14）是人工智能诞生的标志，在这次会议上人工智能的名称和任务得以确定。会议提出的断言之一是"学习或者智能的任何其他特性的每一个方面都应能被精确地加以描述，使得机器可以对其进行模拟。"与会者包括大量在 AI 领域重要的科学家，他们中的每一位都将在人工智能研究的第一个十年中做出重要贡献。会上纽厄尔和西蒙讨论了"逻辑理论家"，而麦卡锡则说服与会者接受"人工智能"一词作为本领域的名称。

图 1-14　达特茅斯会议 [2]

1.2.2　第一次浪潮：1956—1974 年

达特茅斯会议推动了全球第一次人工智能浪潮的出现，人们看到了机器模拟智能的可能性。当时乐观的气氛弥漫着整个学界，在算法方面出现了很多世界级的发明，其中包括增强学习的雏形——贝尔曼方程（Bellman Equation），而增强学习就是谷歌 AlphaGo 算法的核心思想内容。现在常听到的深度学习模型，其雏形叫作感知器，也是在那期间发明的。

除了算法和方法论有了新的进展，在第一次浪潮中，科学家们还造出了聪明的机器。

① http://www.360doc.com/content/16/0206/23/30583198_533122612.shtml

② https://baike.baidu.com/item/%E8%BE%BE%E7%89%B9%E8%8C%85%E6%96%AF%E4%BC%9A%E8%AE%AE/22287232?fr=aladdin

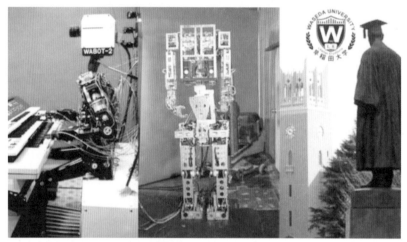

图 1-15　第一台人机对话机器人 ELIZA[①]

1966 年，麻省理工学院（MIT）约瑟夫·维森保姆教授（Joseph Weizenbaum）发布了世界上第一台能够实现简单人机对话的机器 ELIZA（1966 年）（图 1-15）。ELIZA 主要通过简单的模式匹配和规则实现了与人的互动对话，在当时第一次展现在人们面前时，引起了轰动。

1972 年，日本早稻田大学研制出了世界上第一个全尺寸人形机器人 WABOT-1，如图 1-16 所示，这个机器人包含了肢体控制系统、视觉系统以及对话系统，基于以上系统，它不仅能够进行对话，还实现了在室内走动和抓取物体的基本操作。

图 1-16　WABOT-1 机器人 [②]

于是，人工智能界认为按照这样的发展速度，人工智能真的可以代替人类。这个时候，计算机可以解决代数应用题、证明几何定理、学习和使用英语，研究者们在私下的交流和公开发表的论文中表达出相当乐观的情绪，认为具有完全智能的机器将在 20 年内出现。

1.2.3　第一次寒冬：1974—1980 年

第一次人工智能的冬天出现在 1974 年到 1980 年，各界对人工智能的批判越来越多。这是怎么回事呢？因为人们过度高估了人工智能的发展，乐观的承诺一直无法兑现，而且在实际中发现逻辑证明器、感知器、增强学习等只能做很简单、非常专门且很窄的任务，稍微超出范围就无法应对。这里面存在两方面局限：一方面，人工智能所基于的数学模型和数学手段被发现有一定的缺陷；另一方面，有很多计算的复杂度以指数程度增加，所以成为了不可能完成的计算任务。即使是最杰出的人工智能程序也只能解决它们尝试解决的问题中最简单的一部分，也就是说所有的人工智能程序都只是"玩具"。

---

① https://baijiahao.baidu.com/s?id=1675259203446930354&wfr=spider&for=pc

② https://www.aihot.net/robot/9053.html

先天缺陷导致人工智能在早期发展过程中遇到瓶颈，所以第一次寒冬的到来，导致对人工智能的资助相应也就被缩减或取消了。

1.2.4 再次繁荣：1980—1987 年

在 20 世纪 80 年代出现了人工智能数学模型方面的重大发明，其中包括著名的多层神经网络（1986年）和反向传播算法（1986 年）等，也出现了能与人类下象棋的高度智能机器（1989 年）。此外，其他成果包括能自动识别信封上邮政编码的机器，就是通过人工智能网络来实现的，精度可达 99% 以上，已经超过普通人的水平。于是，大家又开始觉得人工智能也还不错。

1980 年，卡耐基·梅隆大学为 DEC 公司制造出了 XCON 专家系统，这个专家系统可帮助 DEC 公司每年节约 4000 万美元左右的费用，特别是在决策方面能提供有价值的内容。这成为一个新时期的里程碑，专家系统开始在特定领域发挥威力。受此影响，很多国家包括日本、美国都再次投入巨资开发所谓"第五代计算机（1982 年）"，当时叫作人工智能计算机。有了商业模式，相关产业自然应运而生，如Symbolics（图 1-17）、Lisp Machines 等公司。

专家系统只能模拟特定领域人类专家的技能，但这足以激发新的融资趋势。最活跃的是日本政府，意图创造第五代计算机，这间接迫使美国和英国恢复对人工智能研究的资助。但是专家系统需要一个巨型知识库，知识是固定的，简单说就是一个条件判断系统，所有知识都是人输入的，需要大量的人工来创建，所以是很难扩展更新的。

如果是更复杂一点的（比如国际象棋）问题，那么需要的判断节点个数将会是一个天文数字。这些问题直接导致专家系统无法大规模应用。

沉寂 10 年之后，神经网络也有了新的研究进展，尤其是1982 年英国科学家霍普菲尔德（Hopfield）几乎同时与杰弗里·辛顿（Geoffrey Hinton）（图 1-18）发现了具有学习能力的神经网络算法，这使得神经网络一路发展，在 20 世纪 90 年代开始商业化，被用于文字图像识别和语音识别。

图 1-17　Symbolics 3640 Lisp Machine[1]

图 1-18　杰弗里·辛顿[2]

[1] https://www.pingwest.com/a/68412

[2] https://www.cs.toronto.edu/~hinton/bio.html

1.2.5 寒冬再袭

到 1987 年时，苹果和 IBM 生产的台式机性能都超过了 Symbolics 等厂商生产的人工智能计算机（图 1-19），专家系统自然风光不再。专家系统最初取得的成功是有限的，它无法自我学习并更新知识库和算法，维护起来越来越麻烦，成本越来越高，以至于很多企业后来都放弃陈旧的专家系统或者升级到新的信息处理方式。

IBM PC convertible 5140

Symbolics 3640
Lisp Machine

图 1-19 台式机[①]（左图）与人工智能计算机（右图）

到 20 世纪 80 年代晚期，DARPA 的新任领导认为人工智能并不是"下一个浪潮"；1991 年，人们发现日本人设定的"第五代工程"也没能实现。这些事实让人们从对"专家系统"的狂热追捧中一步步走向失望。人工智能研究再次遭遇经费危机。

1.2.6 回归: 1993—2012 年

到了 20 世纪 90 年代，科学家们不再追寻不切实际的承诺，开始专注于解决实际的问题。这个阶段，人工智能技术加入了统计学的方法，这为人工智能打造了更坚实的数学基础。在数学的驱动下，一些新的数学模型和算法逐步发展起来，包括支持向量机（Support Vector Machines，SVM）、Boosting 算法、长期短期记忆（LSTM，详见第 6 章）、随机森林等。这些新算法不断应用于实际问题中，比如语音识别、智能推荐等。不过，这个时候人们往往会用新名词来掩饰"人工智能"这块被玷污的金字招牌，比如信息学、知识系统、认知系统或计算智能。

然而，1997 年 IBM 的"深蓝"击败棋手卡斯帕罗夫（Kasparov）（图 1-20），使得人工智能又重回大众视野。

图 1-20 "深蓝"击败棋手卡斯帕罗夫[②]

---

① http://nb.zol.com.cn/24/241386.html

② https://tech.qq.com/a/20200224/002774.htm

2007 年，在斯坦福任教的华裔科学家李飞飞（图 1-21），发起创建了 ImageNet 项目。为了向人工智能研究机构提供足够数量可靠的图像资料，ImageNet 号召民众上传图像并标注图像内容。ImageNet 目前已经包含了 1400 万张图片数据，超过 2 万个类别。自 2010 年开始，ImageNet 每年举行大规模视觉识别挑战赛，全球开发者和研究机构都会参与贡献最好的人工智能图像识别算法进行评比。

图 1-21　李飞飞 [3]

1.2.7　爆发：2012 年至今

2012 年 12 月 4 日，一组研究者在神经信息处理系统（NIPS）会议上提出了让他们在几周前的 ImageNet 分类竞赛中获得第一名的卷积神经网络的详细信息。他们使用了深度学习技术进行图像识别，将人工智能的研究推向了急速上升期。

2016 年，李世石与 AlphaGo 总比分以 1 比 4 告负（图 1-22），将公众的注意力也大量投向了人工智能，真正地将人工智能推向了研究和公众视野的中心。

图 1-22　李世石与 AlphaGo [1]

人工智能作为科技领域最具代表性的技术，在中国取得了重大的进展，被写进十九大报告中。报告指出："要深化供给侧结构性改革。建设现代化经济体系，必须把发展经济的着力点放在实体经济上，把提高供给体系质量作为主攻方向，显著增强我国经济质量优势。加快建设制造强国，加快发展先进制造业，推动互联网、大数据、人工智能和实体经济深度融合，在中高端消费、创新引领、绿色低碳、共享经济、现代供应链、人力资本服务等领域培育新增长点、形成新动能。支持传统产业优化升级，加快发展现代服务业，瞄准国际标准提高水平，促进我国产业迈向全球价值链中高端，培育若干世界级先进制造业集群。"

人工智能将是全球新一轮科技革命和产业变革中的核心技术，最先掌握前沿技术，最先大规模应用人工智能的国家会是这一次科技革命的领导者，为此全球都在争先进行人工智能战略部署。而中国在人工智能方面不仅有得天独厚的数据优势，而且也是全球人工智能行动最早、动作最快的国家之一，早在 2015 年，人工智能的发展就得到了国家相关部门的重视和政策支持。

---

① https://cyber.fsi.stanford.edu/people/fei-fei-li
② https://www.sohu.com/a/133345560_162281

1.3　人工智能是什么

想一想

- 前面讲了很多人工智能应用场景以及人工智能的发展历史，你认为人工智能是什么呢？请写一写吧。

_____

_____

上面我们了解了人工智能的历史，也大体了解了未来人工智能是什么样的，正如图1-23所示的疑问，那么人工智能到底是什么呢？

图 1-23　人工智能到底是什么？ [②]

人工智能字面意义就是人造的智能（Artificial Intelligence，AI），即用机器来模仿人的智能。但是关于人工智能的科学定义，学术界目前还没有统一的认识。

根据 "Artificial Intelligence: A Modern Approach" 的介绍，它提出了几个人工智能的定义：像人一样思考，像人一样行动，理性地思考，理性地行动。

想一想

- 你认为哪一个在现阶段更容易达到人工智能？

_____

_____

1）理性地思考

理性地思考这里可以理解为正确地思考。其根源可追溯到古希腊亚里士多德的理性思想。它研究正确思考的规则是什么，如果我们知道了这个规则，那么我们就能正确地思考，我们可以用代码写出这些规则，让机器理性地思考，进而智能化。但是很明显，这个方法难以扩展（其实就是专家系统）。

---

① https://baijiahao.baidu.com/s?id=1625615271262267390&wfr=spider&for=pc

2）像人一样思考

那像人一样思考呢？这是一个认知论的问题。要用计算机实现人类的智能，我们就要研究我们脑子到底是怎么想事情的。这个有点像是对人脑做一个逆向工程，很难实现。难道要等到认知科学发展到高级阶段，人工智能才能有突破？而且就算不能像人一样思考，难道就不能智能了吗？

3）像人一样行动

我们重塑定义，从另一个角度来考虑问题，不去研究怎么思考的，而是研究这种思考带来了什么样的结果。也就是基于人是如何行动来研究的。这个方法可以追溯到图灵测试。

但是有个问题：你知道 756946124 的平方是多少吗？你知道 bonjour 是什么意思吗？不知道是吗？那么人工智能也不能知道，否则过不了图灵测试。这个东西你还好意思叫它是人工智能？它都比不过计算器和电子词典。

但是这个时候，我们已经很接近人工智能了。

4）理性地行动

理性地行动关注如何做决策，我们致力于研究一个理性行动的系统。这里理性可以理解为"最优化地"。

一种现代的人工智能解决方案，引入了优化、统计等数学方法。人工智能应该可以最优化我们的期望结果，比如期望结果是打扫干净房间，人工智能不需要去想什么是打扫，不用去看打扫宝典，而是决定我第一步做什么，然后接下来一步怎么做等行动，怎样使现在的状态更接近"干净"这个期望的结果。

1.4 人工智能干什么用

人工智能从最初的"玩简单游戏"（跳棋等）到现在的"玩复杂游戏"（围棋、星际争霸等），经历了各种风风雨雨。现在，你甚至不需要问人工智能能干什么，你细心看看周围就可以发现。因为人工智能已经应用于我们生活的方方面面，比如高铁站的人脸识别验票进站，手机的语音助手等（图 1-24）。看看周围，你会发现很多人工智能的应用。

图 1-24　人脸识别验票进站与语音助手

想一想

● 你身边还有哪些人工智能的应用，未来还会有哪些人工智能潜在的应用呢？

1.4.1 工业

现阶段，工业企业在智能制造趋势下纷纷开始探索智能化转型的路径，基于工业大数据分析的工业智能蕴藏着巨大商业价值的革命性技术，越来越多地受到企业青睐。例如，使用人工智能技术，通过工艺控制与设备知识模型实现工艺参数优化、协同生产流程优化；通过图像检测算法辅助工人对缺陷定位和分类，有效控制质量异常，减少人力成本；通过对关键的设备运行参数进行建模，判断机器的运行状态、预测维护时间；通过对生产制程工艺参数建模来预测产品指标，推动生产优化，提升良品率等（图 1-25）。

图 1-25 人工智能在工业中的应用

在液晶面板等制造领域中，AOI（Automatic Optic Inspection，自动光学检测）设备被十分广泛地用于检测制造过程中的产品是否存在质量缺陷。在生产线上，AOI 设备会进行缺陷的初步识别，由于需要检测产品的信息量巨大，例如，AOI 设备每天都会在液晶面板制造过程中拍摄超过 150 万张以上的缺陷图片，这些缺陷图片如果全部由人工识别检测很显然工作量巨大，这就决定了这些高精度 AOI 设备的设计目的就是保证效率和识别有无缺陷。而要做到对每一个缺陷进行仔细的分析和分类，这需要耗费大量的计算资源，AOI 设备本身的系统软件设计决定了其无法完成缺陷分类这项任务。为了高效率和高准确率地对缺陷进行详细分类，华星光电采用了腾讯云工业物联网解决方案，设备在捕获到产品检测图像后立即识别产品缺陷，计算出缺陷的详细分类，生成工单指令，帮助企业极大地减少产品检查的时间，直接提高产能，并促进持续的过程质量改进。

利用这些技术能有效地提高工业水平，加快工业发展，更有效地为人们服务。

1.4.2 商业

自从电商兴起以后，商业已经变成了一个数据驱动的行业，最典型的就是亚马逊商城。

亚马逊商城的人工智能推荐系统是一个强大的引擎，可以为你推荐各种你可能购买的商品（图1-26）。

图 1-26　人工智能在购物推荐中的应用

本质上，成群结队的购物者正在"教导"亚马逊人工智能推荐系统，以便更好地显示可能出售的商品。也就是说，将一件商品与过去展示的另一件商品相匹配将促进销售，把半相关的概念联系起来（比如说，灯座和照相设备）。在国内，不管是淘宝还是京东，都在使用人工智能技术"理解"每一个客户，推荐更精确的商品给不同客户。人工智能技术还被用来分析客户流失、产品定价等各类问题。

随着游戏市场竞争的日趋激烈，越来越多的游戏运营服务选择借助大数据挖掘出更多更细的用户群来进行精细化，个性化运营，从而更好地抓住用户，获得更大的收益。在游戏运营中，无论是流失挽留，还是拉新，以及付费用户预测都是游戏运营的重要内容。

借助腾讯信鸽平台的人工智能预测功能，提供精准定位即将流失用户的功能（图1-27）。在流失预测模型中，基于玩家的在线时长、使用频率等特征，建立流失用户预测模型，精准预测潜在流失用户。在游戏《美人国》的 AB Test 中，预测覆盖率超过85%，准确率超过91%。利用信鸽对该用户群推送针对性的营销活动，回流率比随机推送提升120%。通过实践证明，充分利用大数据的优势，帮助游戏大幅提升玩家留存率，同时减少对玩家的骚扰，保障用户体验。

图 1-27　人工智能在客户流失分析中的应用

目前,人工智能在商业中得到了广泛的应用,还包括了智能客服机器人、决策支持、预测营销、语音搜索、图像识别等应用,相信人工智能在商业中的应用将有着巨大的前景。

1.4.3 金融

金融本来就是数字的游戏,不过现在正从数字(Number)转向数据(Data)。金融机构通过数据分析客户信用,进行诈骗检测、证券交易等。

近年来,国外先进大型银行均不同程度地受到金融危机的波及,对大型长期内部项目的持续投入捉襟见肘。而当前,建行以企业级姿态推动利用互联网理念思维实现各项传统业务转型,正是向互联网企业龙头学习借鉴最先进的理念技术,构建"建行大脑"(图 1-28),争取摘取"王冠上的宝石"的最佳时机。"建行大脑"是通过将建行经营管理工作进行全方位数字化和自动化,运用人工智能技术,提升银行经营效率和客户体验,无论从外部客户角度,还是从内部员工角度来看,建设银行就好像拥有一个"无所不知的大脑"。

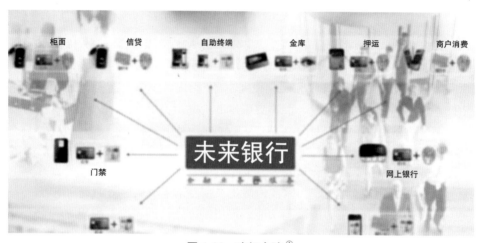

图 1-28 建行大脑[①]

例如,当一个客户接触建行任意渠道时,他的衣食(善融)、住行(悦生活+交通罚款)、消费偏好(善融)、健康(银医服务)、财务(存贷汇、投资理财)记录均在建行体系内。就像《超体》里的 Lucy(在《超体》这部科幻电影中,女主角 Lucy 因为意外事件获得了超于常人的能力,包括心灵感应、瞬间吸收知识等技能,让其成为一名无所不能的"女超人"),知道大量别人的信息,由此显得与众不同。例如,有针对性地为客户提供个性化服务,特别是智能客服"小微",就像全能的"上帝"一样给客户带来与众不同的感受,不仅仅是拟人的服务,更可以提供人脑所不可能记忆或发现的客户诉求。在这种情境下,银行服务的收费政策都已经不重要了,重要的是:你懂他。

1.4.4 医疗

在医学领域,首先是涉及图像的,如 B 超、CT、病理专业等,其次是内镜诊断领域已经开始了实践(图 1-29)。医学影像是疾病诊断的主要路径之一,因此,通过机器读取医学

---

① https://cloud.tencent.com/developer/article/1134955

影像成为了一个热点，无数的科研工作者已经对此展开了广泛的研究。

图 1-29 人工智能在医疗中的应用

2017 年 11 月 24 日，一场人类和人工智能之间的对战在成都举行，代表人类出战的是 463 名超声医生，代表人工智能出战的是名为"安克侦"的甲状腺肿瘤超声辅助侦测软件（图 1-30）。双方比赛谁能更准确地读出甲状腺超声图像。来自全国各地的 300 余位超声专家、学者见证了这次人机大战。最终，这个名为"安克侦"的人工智能与医生们打成了平手，但其实在效率上，人工智能已经超过了医生。

医疗"人机大战"在沪上演：医生仍是不可或缺的"观察者"

2017-10-22 05:54:59　来源 文汇报 作者 唐闻佳 选稿 李炯怡

原标题：医生仍是不可或缺的"观察者"

"你这针对的是准备，开始！请读片读片，请读片！下那组读片！"昨天，在上海市智力十民记者在现场发现，参赛医生来自国内不同级别的医院，有三甲医院的教授，也有各省市一二级医院的年轻医生。代表人工智能出战的是一套名为"安克侦"的甲状腺超声计算机辅助侦测系统。安克侦可以为发病率越来越高的甲状腺癌提供非侵入性检查，主要利用专利影像分析技术，使甲状腺超声图像彩色可视化、标示并量化肿瘤特征，协助医生精准诊断。

比赛中，"平局"很多，人工智能选手表现出较好的稳定性。与集合了大量超声诊断大数据、海内外临床指南的电脑系统相比，人类选手也表现不俗。最终，在所有比赛选手中，人工智能选手排名第二，读片准确率达到84.85%，来自福建的超声诊断专家吕国荣教授获得第一名，读片准确率达到87.88%。

"吕国荣教授最终战胜了AI，这让我们很振奋。当然AI的表现也让医生感到了压力。从

图 1-30 安克侦 [1]

雅森与北京宣武医院、北京大学人民医院和协和医院合作研发的脑功能多模态人工智能产品问世，其通过对核磁共振、PET、SPECT、脑电等数据的分析，可以应用于阿尔兹海默症、癫痫、帕金森等各类脑功能疾病的量化分析、诊断和预测。截至 2017 年 10 月，此系统已经在全国超过 30 家大型三甲医院落地部署，累计完成病例分析超过 7000 余例，在各类病种上平均准确率超过 84%。

中山大学与西安电子科技大学的研究小组合作，开发了一种能诊断先天性白内障的人工智能程序 CC-Cruiser，利用深度学习算法，预测疾病的严重程度，并提出治疗决策建议。

人工智能在其他领域也有各式各样的应用，这里就不再展开。相信随着 5G 时代的到来，更多的设备更容易上网了，更多的数据更容易获取了，更丰富的应用即将到来。

1.5　本章小结

本章通过小明的智慧校园生活，开启了人工智能的未来应用，并针对人工智能的历史、概念以及应用做了简单的浏览和介绍。人工智能技术随着计算机的产生便已诞生，一路上虽

---

[1]　http://sh.eastday.com/m/20171022/u1ai10940883.html

然坎坷，但是也产生了巨大成就。人工智能技术本身的发展同时也是对人工智能本身是什么的重定义过程，"理性地行动"最符合当前技术的现实，也成为当前人工智能实现的主要指导思想。人工智能技术已经应用在生活的方方面面，并将在未来产生更大的影响。人工智能前路漫漫，很多还是研究的无人区，希望大家今后能够"勇踏前人未至之境"（To boldly go where no man has gone before）。

1.6　本章课后练习

（1）请观察自己身边的各类智能产品，说说你认为这里使用了人工智能的什么技术。

（2）请查阅资料，说说你认为人工智能在本专业有哪些应用？

2

食堂消费预测

2.1　问题描述

从中学到大学，小明去过许多食堂吃饭，他一直很好奇食堂是怎样计算每天所需的呢？要是做多了就会造成浪费，做少了就会出现供应不足的状况（图 2-1）。

图 2-1　食堂消费

比如，有一次小明由于赶时间写一个新闻稿，忘了吃午饭的时间，结果晚去半小时，食堂就什么也没有了。另外的情况是，小明也偶尔会听到身边的人议论，某同学吃晚饭的时候发现，食堂的饭菜感觉像是前一餐的剩饭，只是回锅又煮了煮。这样来看，食堂有时候也会出现过剩浪费的情况。因此，小明想，如何科学地预测食堂的销售额，这可真是一个很有挑战性的问题啊，他决定发挥自己的聪明才智试一试，从身边的小事出发，来个小创新。

2.2　学习目标

知识目标

◆ 了解机器学习的含义
◆ 了解机器学习的基本方法

- 理解机器学习的基本流程
- 理解线性回归的原理
- 理解模型的解释方法

技能目标

- 能够使用"橙现智能"搭建基本的线性回归工作流
- 能够使用散点图等可视化方法观察数据
- 能够评价线性回归模型好坏
- 能够解释线性回归模型

2.3 项目引导

2.3.1 问题引导

问题引导

高考后，学生需要选择心仪的学校填报志愿，我们可以对所要选择学校进行打分，最后根据评分结果选择那个得分最高的学校。比如我们从"历年分数""师资力量""校园大小""招生数量"等 10 个维度进行评分，假设每个维度 10 分，我们根据实际情况对每个维度评分后，将这些分数相加，最终分数是最高的那个可能就是我们最应该去的学校。

1. 请列出 3 个学校（包括现在所在的学校），仅从"历年分数""师资力量""校园大小""招生数量"4 个维度对这 3 个学校进行评分，得分最高的学校是你现在所在的学校吗？

_____

_____

2. 可能有的同学觉得"历年分数"的权重应该大于"校园大小"，我们可以如何体现出这样的权重大小区别呢？

_____

_____

3. 如果填报志愿的各个维度还有权重大小区别，你是否需要反复斟酌尝试各个维度的权重应该是多少呢？

_____

_____

2.3.2 初步分析

小明同学想要帮助食堂预测第二天的销售额，从而改善食堂进货情况。他发现这个问题其实也类似填报志愿的问题。如果我们也能找到若干食堂消费情况的维度来分析是不是就可能有办法解决了呢？但是具体如何解决呢？小明同学开始了他的探索。

通过查阅资料，他发现这几个类似的问题：

- 商场每天都要进货，要进多少货呢？
- 家里要买新房，如何预测房价呢？
- 又到出游的时候了，会有多少人出游呢？
- 在理想公司工作几年后，能拿到多少工资呢？

这些问题的共同点是预测一个数值是多少，这种问题就是回归问题。

小明同学琢磨，这些问题如何解决呢？好像没有什么数学公式可以方便地套用，那还能怎么办呢？他已经从不同维度对填报志愿进行了分析，这些维度其实就是各个学校的"特征"。

他找了一些商场每天的销售数据，感觉好像每天的销售额跟日期等"特征"有很大的关系。他又找了一些房屋销售数据，发现房屋价格跟位置、新旧程度等"特征"高度有关。他还下载了一些假日出游数据，发现出游人数和季节、时间等"特征"有密切关系。他搜索了理想公司的数据后，发现工资和工龄、职务等"特征"密切相关。这些与结果密切相关的数据就是"特征"，我们可以借助特征实现对结果的判断或者预测。但是虽然小明同学从数据中发现了一些灵感，或者说从数据的各个"特征"中"学习"到了一些大致方向，他始终无法真正地预测出一个确切的数字。

小明同学感觉想得头都疼了，他突然一想，"特征"好是好，但是人学起来太难了，我们可以让机器从这些"特征"中学到什么吗？

想一想

- 这个过程能用机器进一步优化吗？如果可以的话，你认为机器可以怎么做？不可以的话，为什么？

_____

_____

2.4　知识准备

2.4.1　机器也可以学习

机器也可以学习，我们把这项技术叫作机器学习。

如图 2-2 所示，机器学习是现代人工智能的核心。常见的机器学习有监督学习和非监督学习。想象小明是一名小学生正在做作业，老师手里拿着答案正在"监督"小明，老师会根据小明的答案与正确答案的对比来决定"奖励"还是"惩罚"小明。这种学习就是"监督学习"。对于监督学习来说，我们给算法一个数据集，并且给出正确答案，机器通过数据来学习正确答案的计算方法。比如图 2-3 我们已经有了做过标记的猫和狗的图片，我们让机器去学习，学习好了以后就可以如图 2-4 所示预测新的图片是猫还是狗了。

图 2-2　人工智能与机器学习的关系

想象另一个场景，小明已经是一名研究生了，他的研究领域是一个没有人探索过的领域，没有人知道小明应该怎么做，也就没有人可以对照答案来监督小明了。如果一个问题没有给出标准答案，我们可以使用非监督学习（图 2-5）。比如还是前面猫狗识别的例子，但是这次我们没有标记哪张图片是猫、哪张图片是狗，而仅仅要做分类。分成什么？并不知道，但是我期望分成的结果能让我恍然大悟或者给我某种启示：哦，原来是猫和狗啊！

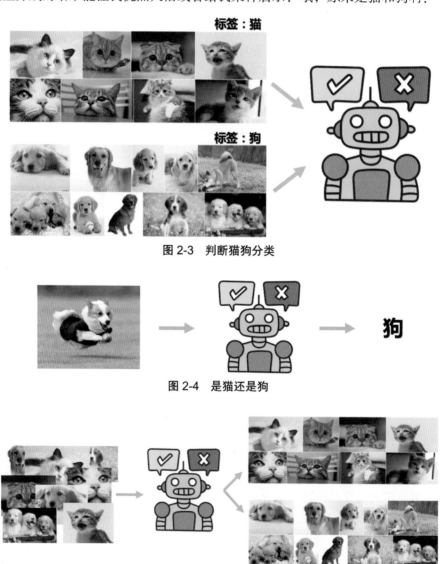

图 2-3　判断猫狗分类

图 2-4　是猫还是狗

图 2-5　非监督学习

想一想

● 使用食堂消费历史记录来协助食堂预测第二天的销售额，是采用监督学习还是使用非监督学习呢？

_____

_____

但是，机器不是人，它又怎么能够学习呢？

2.4.2 机器如何学习

我们以监督学习为例，看看一个机器怎么学习。

机器如何学习

机器学习的工作可以简单理解为总结经验、发现规律、掌握规则、预测未来。

对于人类来说，我们可以通过历史经验，学习到一个规律。如果有新的问题出现，我们可以使用习得的历史经验，来预测未来未知的事情（图 2-6）。

对于机器学习系统来说，它可以通过历史数据，学习到一个模型。如果有新的问题出现，它可以使用习得的模型，来预测未来新的输入（图 2-7）。

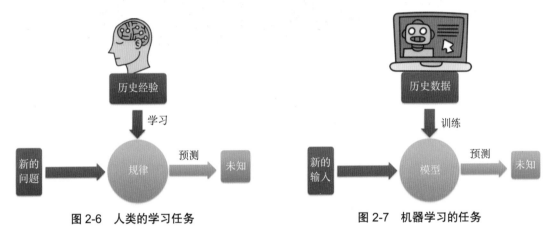

图 2-6 人类的学习任务　　　　　图 2-7 机器学习的任务

现在，小明已经有了食堂每天的历史销售数据，他可以让机器开始学习了吗？

2.5 项目实战

2.5.1 项目期望

小明有什么美好期望呢？想象计算机以何种形式解决这个问题？请写或者画出你的期望吧！

_____

_____

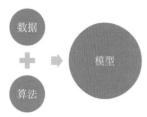

图 2-8　小明的美好期望

你的期望已经写完了，我们来一起看看小明有什么美好期望吧。

他希望使用某个算法可以用数据学习出来一个模型，用这个模型就可以预测出第二天食堂的销售额（图 2-8）。

这个过程就像我们在学校学习，每天我们在课堂上，通过大脑使用某种学习方法学习各种知识，我们就可以掌握各种知识，从而解决更多问题（图 2-9）。

图 2-9　课堂学习

这个美好期望可以用图 2-10 来表示，方便地采用"橙现智能"实现。

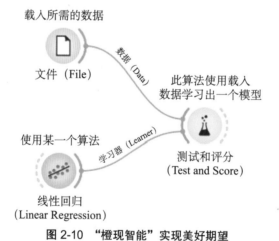

图 2-10　"橙现智能"实现美好期望

2.5.2　项目实施

2.5.2.1　数据说明

开始任务之前，我们先了解一下数据。此任务使用"食堂预测 .csv"数据，这个数据来自深圳信息职业技术学院某食堂的真实消费数据，经过数据处理后供大家学习使用。

这个数据部分片段如图 2-11 所示，该数据包含了如表 2-1 所示的特征详细信息。

实战

	index	日期	消费额	年	月	周	月日	周日	年日	月底	月初	季度底	季度初	年底	年初
1	1	10/7/2018	5634.50	2018	10	40	7	6	280	FALSE	FALSE	FALSE	FALSE	FALSE	FALSE
2	2	10/8/2018	51865.80	2018	10	41	8	0	281	FALSE	FALSE	FALSE	FALSE	FALSE	FALSE
3	3	10/9/2018	55365.96	2018	10	41	9	1	282	FALSE	FALSE	FALSE	FALSE	FALSE	FALSE
4	4	10/10/2018	51258.00	2018	10	41	10	2	283	FALSE	FALSE	FALSE	FALSE	FALSE	FALSE
5	5	10/11/2018	54841.65	2018	10	41	11	3	284	FALSE	FALSE	FALSE	FALSE	FALSE	FALSE
6	6	10/12/2018	37107.80	2018	10	41	12	4	285	FALSE	FALSE	FALSE	FALSE	FALSE	FALSE
7	7	10/13/2018	15048.80	2018	10	41	13	5	286	FALSE	FALSE	FALSE	FALSE	FALSE	FALSE
8	8	10/14/2018	17278.60	2018	10	41	14	6	287	FALSE	FALSE	FALSE	FALSE	FALSE	FALSE
9	9	10/15/2018	54160.15	2018	10	42	15	0	288	FALSE	FALSE	FALSE	FALSE	FALSE	FALSE
10	10	10/16/2018	55053.50	2018	10	42	16	1	289	FALSE	FALSE	FALSE	FALSE	FALSE	FALSE
11	11	10/17/2018	50166.30	2018	10	42	17	2	290	FALSE	FALSE	FALSE	FALSE	FALSE	FALSE
12	12	10/18/2018	57083.30	2018	10	42	18	3	291	FALSE	FALSE	FALSE	FALSE	FALSE	FALSE
13	13	10/19/2018	35211.40	2018	10	42	19	4	292	FALSE	FALSE	FALSE	FALSE	FALSE	FALSE
14	14	10/20/2018	13830.00	2018	10	42	20	5	293	FALSE	FALSE	FALSE	FALSE	FALSE	FALSE
15	15	10/21/2018	17698.40	2018	10	42	21	6	294	FALSE	FALSE	FALSE	FALSE	FALSE	FALSE
16	16	10/22/2018	52642.50	2018	10	43	22	0	295	FALSE	FALSE	FALSE	FALSE	FALSE	FALSE
17	17	10/23/2018	389.00	2018	10	43	23	1	296	FALSE	FALSE	FALSE	FALSE	FALSE	FALSE
18	18	11/1/2018	48297.10	2018	11	44	1	3	305	FALSE	TRUE	FALSE	FALSE	FALSE	FALSE
19	19	11/2/2018	33528.90	2018	11	44	2	4	306	FALSE	FALSE	FALSE	FALSE	FALSE	FALSE
20	20	11/3/2018	13139.30	2018	11	44	3	5	307	FALSE	FALSE	FALSE	FALSE	FALSE	FALSE

图 2-11　数据示例

表 2-1　数据说明

特　　征	说　　明
index	序列号
消费额	总的消费额度
日期	日期
年	年份
月	月份
周	一年的第几周
月日	此月的第几天
周日	此周的第几天
年日	此年的第几天
月底	是否月底
月初	是否月初
季度底	是否季度底
季度初	是否季度初
年底	是否年底
年初	是否年初

2.5.2.2　开始动手

这是一个预测食堂消费的回归问题，我们通过"橙现智能"亲手实现这个问题，以达成小明的美好期望。

1）导入数据

打开"橙现智能",如图 2-12 所示从"数据"模块中选择"文件"导入小部件,可单击或者以拖入方式加载到画布中。

图 2-12 CSV 导入小部件

接着双击已拖入画布中的小部件,如图 2-13 所示,选择数据源"食堂预测 .csv"。因为我们的目标是月初总的消费额,所以这里双击"消费额"的"角色"栏目,将其作用改为"目标"(图 2-14)。而且因为"index"只是一个序号,不会对结果有影响,用同样方法更改"index"的角色为"忽略"(图 2-15),最后单击"应用"按钮。如果小部件使用有任何问题,可以单击图 2-15 左下角的"?"按钮查看帮助文档。

图 2-13 导入数据

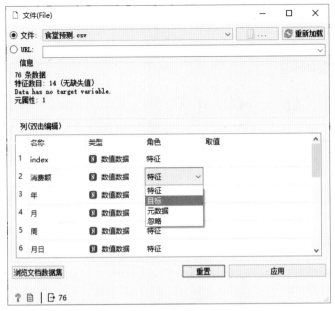

图 2-14　更改消费额作用为"目标"

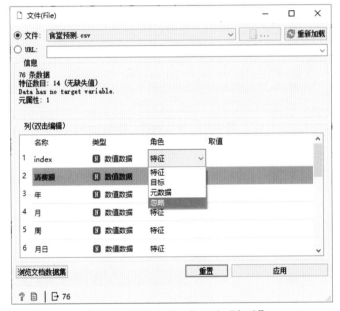

图 2-15　更改 index 作用为"忽略"

2）使用线性回归算法

对于食堂消费预测这类回归问题，我们可以使用线性回归方法来解决，在"模型"模块选择"线性回归"小部件，单击或者拖入画布（图 2-16）。

"橙现智能"还可以更方便地选取需要的小部件。比如现在想要让"线性回归"使用数据学习，鼠标选中"文件"小部件的右侧输出端，拖动鼠标到想要放置目标节点的位置，放开鼠标，在如图 2-17 所示的搜索框中输入"tes"（即测试和评分的英文"Test and Score"的前三个字母）或者"ceshi"（即测试和评分的拼音"ceshihepingfen"的前几个字母），就可以找到"测试和评分"小部件，选中它即可。

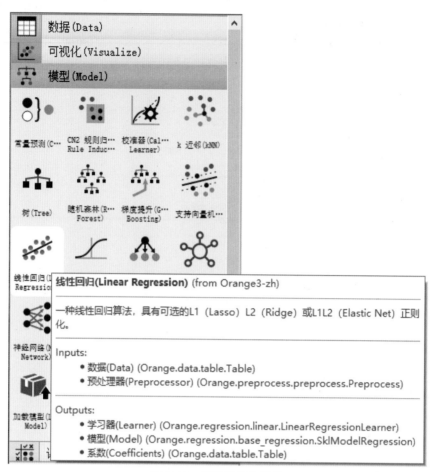

图 2-16　线性回归小部件

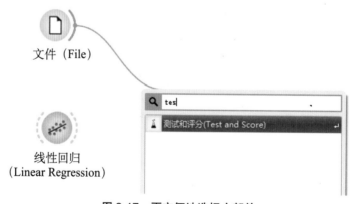

图 2-17　更方便地选择小部件

3）模型测试与评分

连接"线性回归"小部件和"测试和评分"小部件，最终的工作流如图 2-18 所示。

这样就可以了吗？是的，这样就可以了，我们已经帮助小明完成了食堂消费预测的任务。不过，这个预测效果怎么样呢？

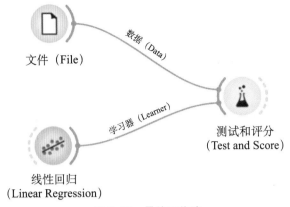

图 2-18　最终工作流

2.5.2.3　查看结果

打开"食堂预测（全）.ows"工作流，单击右侧的"折线图"小部件（图 2-19 红框选中的小部件）。

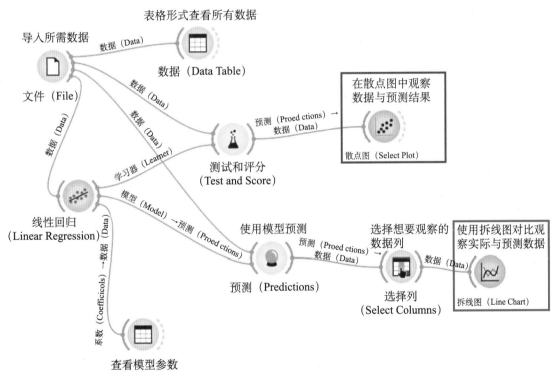

图 2-19　完整工作流

在图 2-20 左侧选择"线性回归"，按住 Ctrl 键再次选择"消费额"，出现右侧"线性回归"和消费额的折线图。可以看出，使用线性回归算法预测的结果和实际的消费额总体趋势一致，总的来说，我们的模型效果还不错。

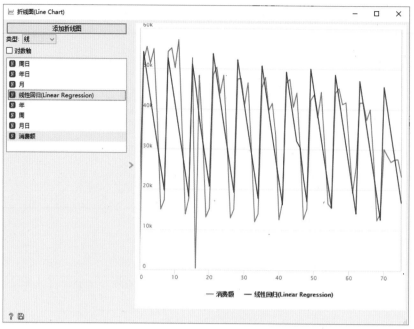

图 2-20　折线图查看

　　我们还可以使用"散点图"查看结果。单击图 2-19 右侧蓝框选中"散点图"小部件可查看线性回归预测结果和实际结果的散点分布图（图 2-21）。如果预测结果和实际结果相同，二者应该处于穿过原点角度 45° 的这条直线上，也就是在斜率为 1 的直线上。选中"散点图"小部件左下侧的"显示回归线"，可以看出此回归线斜率为 0.73，各个点大约都在回归线附近，说明误差不是很大，预测效果不算差。

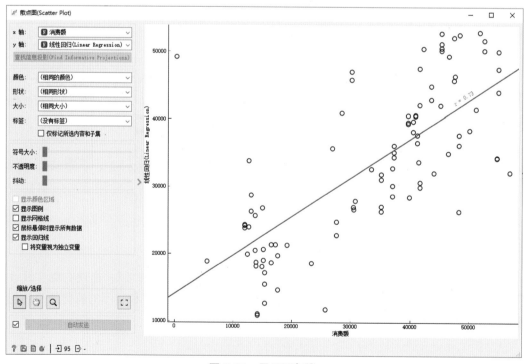

图 2-21　显示回归线

看到了这些结果，小明感觉机器学习真的是太神奇了，他急切地想知道这一切都是怎么回事。

想一想

- 如果没有如图 2-14 所示更改消费额的角色为"目标"，会有什么问题？

_____

_____

- 观察数据的各个特征，你认为哪个特征的权重应该更大？

_____

_____

2.6 深入分析

2.6.1 线性回归原理

小明同学为了探究线性回归算法的原理，想先找一个简单的案例自己在草稿纸上画一画，看看会不会有什么启发。用熟悉的软件打开"SalaryData.csv"（比如 Excel），在计算机或者草稿纸的坐标轴上画出年薪与工龄的关系图，你能感觉到回归线大致在哪里吗？自己试试吧！

深入分析

_____

_____

小明同学画出年薪与工龄的关系，发现关系如图 2-22 所示，貌似可以通过工龄长短预测一个人的年薪。他大致地在图中画出一条直线，尽量让这条直线在点组成的区域中穿越。

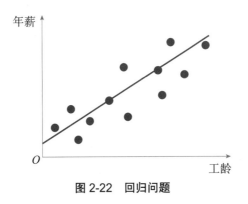

图 2-22 回归问题

这个时候，小明同学想，我可以通过计算这个直线的方程，来预测未来的年薪吗？
他写出一个直线方程：$y=wx+b$。

想一想

● 有了这个方程，你能预测未来年薪吗？写出你的理由。

_____

_____

● 如果这个方程真的可以预测未来年薪的话，你希望 w 和 b 取值大还是小？为什么？

_____

_____

x 是特征，这里就是工龄，y 是标记或者目标，也就是年薪。w 就是每年年薪增长率，b 就是底薪。小明想如果我能使用已有的 x 和 y 数据求出 w 和 b，那么想要知道某个工龄 x 对应的未知 y，直接套用这个公式就行了吧？

将小明的这个思路用机器学习的方式实现，就是线性回归技术。"回归"是什么意思呢？回归其实就是回归到平均值，如图2-23所示。举一个例子，比如一个苹果值五块钱，市场价格肯定会在五块钱上下浮动，而且不管怎么变，都不会太离谱，价格太高或者太低的话，最终都会"回归"到五块钱附近。再举一个例子，一个家族平均身高是1.7 m，假设其中一个家庭成员长得尤其高，有2.3 m那么高，一般来说他的子女很难还会有那么高，反而会"回归"到家族的平均身高1.7 m左右。在机器学习中，就是我们要找一个模型，使它预测的值回归到真实值，而不要偏离太远。

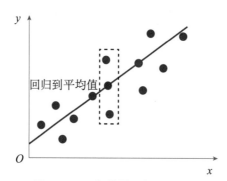

图 2-23　回归就是回归到平均值

我们刚才在"橙现智能"中做的，其实就是这个过程。

不过问题又来了，在如图2-18所示的最终工作流中，"测试和评分"节点有什么作用？

2.6.2　训练与测试

"测试和评分"节点的作用就是：

（1）使用数据训练模型。

（2）测试模型的好坏，给出评分。

不过"训练"是做什么的呢？评分又是如何给出的呢？这部分将介绍训练和测试，下一部分介绍评分。

我们前面所说的让机器学习，其实就是模型"训练"。

为了方便理解训练和测试，我们以人类学习进行类比。在我们的学习过程中，需要上课学习，课后做作业与考试。

想一想

● 上课学习，课后做作业与考试的目的是什么呢？

_____

_____

如果将上课理解成模型的训练，那么做作业就是模型的测试了。通过上课我们建立起的只是体系，通过做作业我们可以查缺补漏。同样地，"训练"可以训练出合适的模型参数，"测试"就可以测试出训练的模型怎么样。

想一想

● 老师会直接把上课讲过的题目留为作业吗？为什么？

_____

_____

● 老师会直接把上课讲过的题目或者作业做过的题目用作考试题吗？为什么？

_____

_____

在机器学习中，我们就需要将数据分为训练集（上课）和测试集（作业），分别用来对模型进行训练和测试：

● 训练集：其作用是让算法学习出一个模型，通过优化参数，训练模型。

● 测试集：通过训练集得出模型后，使用测试集进行模型测试，来查看模型的好坏。

举例来说，假设我们要拟合 $y = b + wx$，得出 y 与 x 的关系，也就是未来有了新的 x 数据，我们可以知道 y 的值。训练集的作用就是通过已知的 x 和 y，学习出或者训练出合适的 w 和 b，使得实际值和预测值尽可能接近。但是如果我们把所有已知的 x 和 y 全部用作训练，新的数据 x 来了以后，我们就没法知道预测出的 y 有多接近真实数据。这怎么办呢？这个时候我们就需要测试集了。

将所有已知数据分为两部分，多数（比如 75%）作为训练集，少数（比如 25%）作为测试集。这个时候多数的训练集就是上面叙述过的作用和用法。测试集呢，我们开始假装不知道 y 是多少，然后输入 x，通过 $b + wx$ 变换，算出一个 $\hat{y}$，通过比较这个 $\hat{y}$ 与数据集中的 y 有多接近，从而分析模型的好坏及其预测能力。

比较 $\hat{y}$ 与 y 有多接近怎么做？我们使用将要介绍的均方差 MSE 来判断。

同时注意，测试集还需要满足以下两个条件：

● 规模足够大，可产生具有统计意义的结果（一道题不会没关系，但是每道题都不会肯定就有问题了）。

● 能代表整个数据集（课程都是代数，作业却是几何，显然不合理）。

测试集满足上述两个条件,才有可能得到一个很好的泛化到新数据的模型。而且一定要注意:绝对禁止使用测试数据进行训练(作业题都讲过,做作业还有什么意义呢?)。

2.6.3 给模型打分

我们刚才通过折线图和散点图查看,发现我们的模型看起来好像还不错,但是我们如果想要定量评价模型好坏呢?我们可以通过"测试与评分"来查看分数。

注意图 2-24 中使用随机抽样方法划分了训练集和测试集,其中训练集占 75%,而且是随机抽取 5 次数据,每次使用其中 75% 作为训练集,剩余数据作为测试集。

在图 2-24 右侧区域显示了模型的评价结果,包括 MSE 和决定系数 R2 等参数。

MSE 就是均方差,描述的是每个实际值与对应预测值的差的平方和的平均值,它可以看作是老师对考试卷错题扣除的分数,错题越多扣分越多,所以均方差越小越好。RMSE、MAE 和 MSE 类似,也是对扣除分数采用不同方法计分,也是错题越多扣分越多。它们都是计量扣分的,也就是相对满分答卷的损失,所以叫作"损失函数"。顾名思义,损失函数其值应该越小越好。

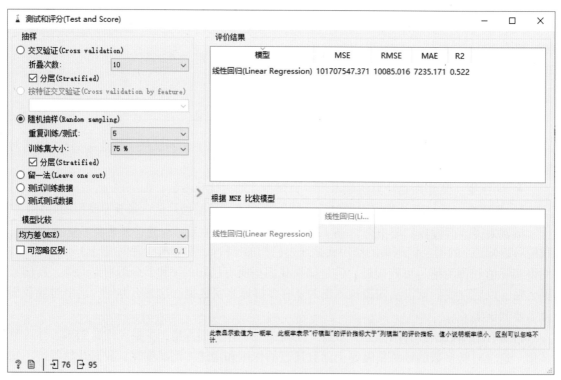

图 2-24 测试与评分结果

不过我们没有一个基准损失函数值说明这个模型是好还是坏,我们只知道它越小越好。有没有什么评分方法可以一看就知道模型好不好呢?

小明同学想,如果想要一看就知道结果好不好,那就需要这个评分在一个范围内变动,比如 0 到 1 之间,0 就是很不好,1 就是特别好。如果需要这样的值,我们就需要有一个基准,我们可以根据这个基准判分。

在回归问题中,我们有什么方法可以尽快给出一个有根据的基准吗?

想一想

- 假设一组数据 X_1，X_2，...，X_n，告诉你除了 X_n 以外所有的数值，让你猜猜 X_n 是多少，你觉得下面哪个更合理：

_____

_____

- 最大值
- 最小值
- 平均值
- 随便猜一个

是不是平均值最合理？

由于我们计算的损失都是平方数，所以可以用正方形的面积表示。如图 2-25（a）所示，计算出数据对于平均值差的平方和，就是红色正方形面积之和。均方差就可以看作是图 2-25（b）所有蓝色正方形面积之和。

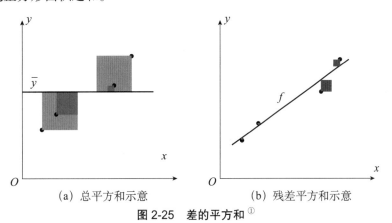

(a) 总平方和示意　　　　　(b) 残差平方和示意

图 2-25　差的平方和 [①]

在图 2-25 中，右侧蓝色面积是模型预测结果对应的损失，左侧红色面积是预测为平均值对应的损失，显然，蓝色面积之和相对于红色面积之和越小，说明模型越好。不过因为我们希望 0 表示很不好，1 表示特别好。所以使用 1 减去这个面积之和的比值，这就是"决定系数-R^2"，它越接近于 1，模型越好。根据图 2-24 右侧区域显示的模型的评价结果，决定系数为 0.522，说明模型不算差。

2.6.4　模型解释

对于很多数据分析问题，需要我们能够回答每个特征有什么影响、影响多大等问题。比如我们想预测第二天销量，其中可用特征除了时间还有售价、打折力度等特征，显然我们实际生活中可以通过更改这些具有"杠杆"能力的特征改变实际值。不过每个特征影响有多大呢？我们来分析一下。

[①]　Orzetto 绘制，CC BY-SA 3.0, https://commons.wikimedia.org/w/index.php?curid=11398293

想一想

- 你认为特征的影响和权重 w 有关吗? 为什么?

_____

_____

回到主工作流,将"文件"与"线性回归"相连,然后将"线性回归"的输出系数通入"数据表"显示(图 2-26 红框中的小部件)。

这里最主要的就是第二列内容,"系数"绝对值越大,对应特征对结果影响越大。符号为正的话表示正向影响,负号的话表示负向影响。其中的"截距"就是线性模型的截距,也就是直线方程 $y = b + wx$ 中 b 的值。

系数中除了有特征外,可以发现图 2-27 中出现了一些奇怪的东西,比如"月底 =FALSE"和"月初 =TRUE"。它们是什么呢?

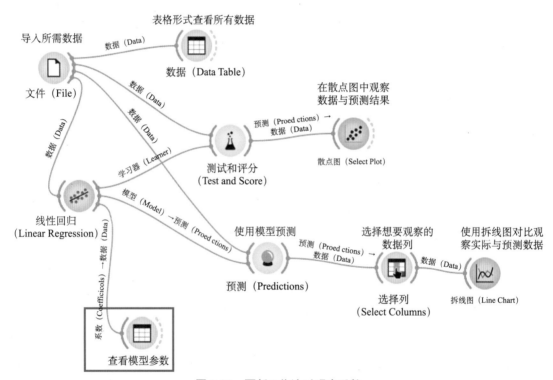

图 2-26　更新工作流以观察系数

这些奇怪的东西就是哑变量。在处理分类数据,比如职业、性别等信息时,并不能够定量处理,需要采取一定方法将其量化。这种"量化"通常是通过引入"哑变量"(Dummy Variable)来完成的。比如在这个例子中,原始数据特征"月底"的取值 TRUE 和 FALSE 并没有实际的数值意义,将其转为哑变量的话,就是将"月底"转为"月底 =FALSE",这样,反映是不是月底就可以用 0 和 1 进行量化,0:月底,1:不是月底。知道了"月底"是否为FALSE,就自然知道了"月底"是否为 TRUE,所以就不需要再有"月底 =TRUE"了。

这些系数包括哑变量系数的影响其实从回归的公式 $y = b + w_1 x_1 + \cdots + w_n x_n$ 就可以方便地看出来。w 越大,对应的 w 单位变化对 y 产生的影响越大。比如 $y = b + 100000 x_1 + x_2$,x_1 变化 1，y 变化 100000，而 x_2 变化 1，y 变化仅仅为 1。

从图 2-27 可以看出，不管是正向影响还是负向影响，对预测结果影响最大的是月底和周日。这个影响大小是不是和我们想的差不多？

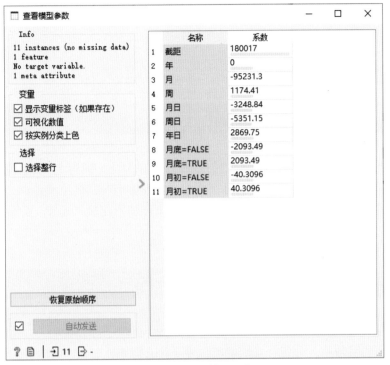

图 2-27　观察模型系数

2.7　本章项目实训

实训引入

房价是很多人都关心的内容，我们可以如何评估一个房子的价格呢？

实训目的

（1）掌握"橙现智能"的基本使用方法。

（2）掌握机器学习基准工作流的建立方法。

（3）掌握模型解释的方法。

实训内容

此任务中我们使用 Kaggle 房价预测的例子及其数据来进行多元线性回归实战（https://www.kaggle.com/harlfoxem/housesalesprediction/home）。这里给出了 19 个房屋特征，附加一个 id 列，目的是有了新房的话，根据房屋特征预测新房的房价（Price）是多少。比赛总共提供了 21613 个样本。数据及其说明都在比赛网站可见。此任务我们使用"橙现智能"实现。

实训步骤

（1）完成机器学习基本工作流。

（2）建立模型。

（3）模型解释。

实训报告要求

详细描述项目实训的过程及结果。

2.8　本章小结

本章以图形化的方式阐述了线性回归的基本思想和方法。通过人类和机器学习的类比，解释了什么是机器学习以及机器如何学习，并在"橙现智能"实现了线性回归模型。接着深入线性回归理论，逐步介绍线性回归的各项内容，集合图形化软件实操，方便同学真正理解与应用。

2.9　本章项目习题

（1）什么是训练集和测试集，请举一个学习工作中的例子加以说明。

（2）从模型的系数中，分析食堂消费额主要受什么影响比较大。

（3）决定系数越大越好吗？

（4）熟悉"橙现智能"软件，试试应用自己的数据。

贫困生判别

3

贫困生判别

3.1 问题描述

又到了贫困生申报的时间了，以往小明所在的学校都是采用个人书面申请等方式实现对贫困学生的判定与资助，然而随着学生数量的增加以及各类家庭情况的复杂性，使得常规判定方法无法得到令人满意的效果，有些学生还略显为难（图 3-1）。有没有可能学校通过技术手段来实现贫困生的精确判断呢？

图 3-1 《高等学校家庭经济困难学生认定申请表》《高等学校学生及家庭情况调查表》

真正的贫困生在消费支出方面可能比普通学生少，消费习惯应该会有一些特点吧。小明想，如何科学地预测贫困生，是一个有意义的事情，他决定发挥自己的聪明才智尝试一些机器学习的方法。

3.2　学习目标

知识目标

- ◆　了解分类问题
- ◆　理解逻辑回归的原理
- ◆　了解分类模型的评价标准
- ◆　理解分类模型的解释方法

技能目标

- ◆　能够使用"橙现智能"搭建基本的逻辑回归工作流
- ◆　能够使用散点图等可视化方法观察数据
- ◆　能够评价逻辑回归模型好坏
- ◆　能够解释逻辑回归模型

3.3　项目引导

3.3.1　问题引导

根据学生历史消费数据，提取若干特征，比如消费总额、平均值等，尝试手工加权重然后相加，如果得出的分数大于某个数，我们就认为此学生为非贫困生，如果得出的分数小于某个数，我们就认为此学生为贫困生。

（1）请根据消费"总额""平均值""最大值""最小值"4个特征设计此模型。说说你为什么这样设计。

_____

_____

（2）假设某学生的消费"平均值"较小，你的模型应该判断此学生较可能为贫困生还是非贫困生呢？

_____

_____

3.3.2　初步分析

小明同学想要协助学校掌握真正贫困学生的情况，从而针对这些学生发放相应的贫困生补助，让这些学生能够感受到来自学校和社会的关爱。但是这个问题如何解决呢？小明同学开始了他的探索。

目前贫困生的认定并不精确，过程可能存在个人的主观意识，进而会导致出现应该获得资助的学生却没有获得助学金，反而一些家庭经济情况良好的学生，本着"不拿白不拿"的心理态度而获得了助学金。这也是当前高校贫困生认定过程中存在的普遍问题。

小明如果拿到了全校学生一段时间内的校园卡消费信息，就可以根据这些信息把学生分为两类，一类是贫困生，一类是非贫困生。

类似分类问题，在人工智能领域还有很多例子，比如：

（1）鸢尾花分类问题：根据花萼和花瓣的长度等数据判断其类别（图 3-2）。

图 3-2　鸢尾花数据（三种不同类型的花属）

（2）垃圾邮件过滤器：根据电子邮件的发件人、标题等信息判断其是否为垃圾邮件（图 3-3）。

草稿箱 (1)	有 3 封未读　全部设为已读　邮箱清理助手		
已发送		Quincy Larson	A free React.js handbook for beginners
订阅邮件 (2)		harrison	15302987091
其他12个文件夹	更早 (3)		
已删除		jenson	15302987091
广告邮件		凝重 事当成0Tk0Tk	函件 cuteftp_01
垃圾邮件		数模专委会	2020年全国大学生数学建模竞赛赛题讲评与经验交流会邀请通知
客户端删信			
考试相关			
生活相关			

图 3-3　垃圾邮件

（3）肿瘤：根据肿块的形状、边界、生长快慢、质地是否转移等信息判断肿瘤是恶性 / 良性的。

（4）在线交易：根据交易的双方、交易的内容等判断在线交易的性质是否为欺诈（是 / 否）。

想一想

● 你身边还有其他分类的问题，写一写分类结果都跟哪些特征有关系？

_____

_____

3.4 知识准备

这些分类问题的共同点是有一些关于目标的信息数据，需要以这些数据为基础，建立相关数学模型，将目标分成若干种不同的类型。小明同学琢磨，这些问题如何解决呢？好像没有什么数学公式可以方便地套用，那还能怎么办呢？他找到了鸢尾花分类问题的数据，这里面有花瓣的长度、宽度等信息，不同种类的花对应不同的值，感觉可以找到一些规律，来判断到底是什么花。

他又看了一下垃圾邮件过滤的问题，一般根据发件人信息、邮件标题和邮件内容关键字来进行判断，这些关键字决定这封邮件是否是垃圾邮件。图 3-3 为垃圾邮箱的垃圾邮件，很显然，根据发件人信息、邮件标题或邮件内容大体能直观地判断邮件是否是垃圾邮件。

这些与结果密切相关的数据就是之前已经多次提到过的"特征"，我们可以借助特征实现对结果的判断或者预测。

想一想

● 这个过程能用机器进一步优化吗？如果可以的话，你认为机器可以怎么做？不可以的话，为什么？

_____

_____

前面的课程中，小明已经学会了使用线性回归的方法来预测食堂的消费情况，并且已经构建了一个线性回归模型，大概找到一条直线可以使大部分的数据都靠近它。

想一想

● 在这个例子中，我们想要将数据分为不同种类，可以使用类似方法找到一条使大部分点都靠近的线吗？

_____

_____

对于这种分类的问题，我们不可以用线性回归，而是使用逻辑回归方法来解决，具体的我们将在后续小节进行分析。下面我们先跟着小明一起来做一做。

3.5 项目实战

3.5.1 项目期望

小明有什么美好期望呢？我们可以如何构想这个期望，计算机以何种形式解决这个问题呢？请写或者画出你的期望吧！

项目实战

小明同学有什么美好期望呢，他希望能有类似图 2-10 所示这样的工作流。

试一试

有了这样的美好期望，你能借助"橙现智能"搭建出分类问题的工作流吗？（提示：可以使用"逻辑回归"小部件）

3.5.2　项目实施

3.5.2.1　数据说明

在动手之前，我们先看一下数据是什么样的。小明从深圳信息职业技术学院食堂拿到的数据是某年 10 到 12 月三个月的消费明细，处理后的数据文件为"食堂消费记录 .csv"（因为非贫困生数量远大于贫困生数量，此数据经过数据平衡处理，详情请自行搜索"机器学习非平衡数据"查阅学习），先在 Excel 中打开看一下，如图 3-4 所示。

	A	B	C	D	E
1	平均每次消费的金额	单次最大的消费金额	单次最小的消费金额	总消费金额	是否贫困生
2	13.83103448	102	3	1604.4	0
3	8.539766082	24	1.5	1460.3	0
4	6.994897959	14.5	2	1371	0
5	10.71153846	20	3	278.5	0
6	7.926229508	19	3	1450.5	0
7	10.96666667	39	0.5	1677.9	0
8	11.28187919	48	3	1681	0
9	11.10763889	25	0.5	1599.5	0
10	12.06133333	30.9	1	1809.2	0
11	7.379310345	14.5	3	1284	0
12	13.84615385	42	2	360	0
13	9.725925926	30	3	1313	0
14	8.861363636	25	1	1559.6	0
15	8.660714286	24	3	1455	0
16	9.687919463	18	1.5	1443.5	0
17	8.516891892	14.5	1.5	1260.5	0
18	10.60144928	15	0.5	731.5	0

图 3-4　用 Excel 打开查看食堂消费记录

3.5.2.2　开始动手

这是一个分类问题，我们通过"橙现智能"亲手实现这个问题，以达成小明的美好期望。

1）导入数据

打开"橙现智能"，从"数据"模块中选择"文件"导入小部件，单击或者拖入画布（图 3-5）。

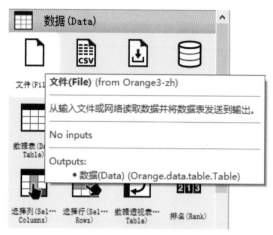

图 3-5　文件导入小部件

接着双击已拖入画布中的"文件"小部件，选择数据源"贫困生判别 .csv"（图 3-6 ）。

图 3-6　数据导入

数据已经导入了，那我们看看这些数据是什么样子的吧。从"文件"小部件引出一条线，然后选择"数据表"部件，如图 3-7 所示。

图 3-7　数据查看

如图 3-8 所示，双击"数据表"部件就可以查看数据了。

	平均每次消费的金额	单次最大的消费金额	单次最小的消费金额	总消费金额	是否贫困生
1	13.831	102.0	3.00	1604.40	0
2	8.53977	24.0	1.50	1460.30	0
3	6.9949	14.5	2.00	1371.00	0
4	10.7115	20.0	3.00	278.50	0
5	7.92623	19.0	3.00	1450.50	0
6	10.9667	39.0	0.50	1677.90	0
7	11.2819	48.0	3.00	1681.00	0
8	11.1076	25.0	0.50	1599.50	0
9	12.0613	30.9	1.00	1809.20	0
10	7.37931	14.5	3.00	1284.00	0
11	13.8462	42.0	2.00	360.00	0
12	9.72593	30.0	3.00	1313.00	0
13	8.86136	25.0	1.00	1559.60	0
14	8.66071	24.0	3.00	1455.00	0
15	9.68792	18.0	1.50	1443.50	0
16	8.51689	14.5	1.50	1260.50	0
17	10.6014	15.0	0.50	731.50	0
18	12.7778	17.5	5.00	575.00	0
19	9.39796	25.0	0.50	921.00	0
20	8.30882	31.0	0.50	1130.00	0
21	11.4766	23.0	1.50	1228.00	0

数据表(Data Table)

Info
10464 instances (no missing data)
4 features
Target with 2 values
No meta attributes

变量
☑ 显示变量标签（如果存在）
☐ 可视化数值
☑ 按实例类分上色

选择
☐ 选择整行

恢复原始顺序

☑ 自动发送

? 目 | ➔ 10.5k ➔ -

图 3-8　消费数据表

源数据说明如表 3-1 所示。

表 3-1　源数据说明

特征	说明
是否贫困生	标识是否是贫困生，0：非贫困生，1：贫困生
平均每次消费的金额	同一个编号计算出来的平均每次消费的金额
单次最大的消费金额	单次最大的消费金额
单次最小的消费金额	单次最小的消费金额
总消费金额	10 至 12 月三个月的总消费额

有了数据，下一步就是选择计算模型的问题。

2）使用逻辑回归算法

点开"模型"，选择"逻辑回归"小部件，单击或者拖入画布（图 3-9）。

3）模型测试与评分

现在我们想要让"逻辑回归"使用数据学习，鼠标选中"文件"小部件的右侧输出端，拖动鼠标到想要放置目标节点的位置，放开鼠标，在搜索框输入"ceshi"（即测试和评分的汉语拼音前几个字母），就可以找到"测试和评分"小部件，选中它即可。

连接"逻辑回归"小部件和"测试和评分"小部件，形成的工作流如图 3-10 所示。

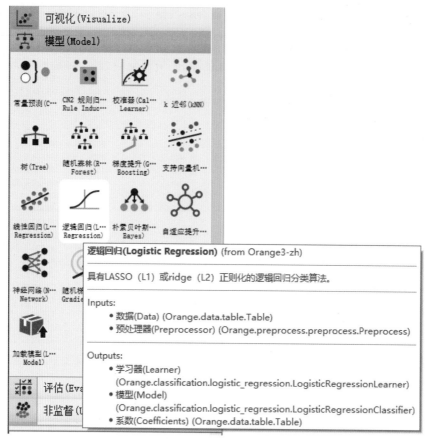

图 3-9　逻辑回归算法部件

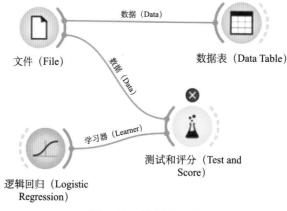

图 3-10　基本工作流

想一想

● 此时我们看到在"测试和评分"小部件的上方有个红色"×"号，看样子是有什么不对。自己探索一下，分析这是由什么问题引起的，如何解决呢？

将光标移动到红色"×"号附近，出现一行提示"Train data input requires a target variable"（图 3-11），这个提示的意思就是说我们的训练数据需要指定一个目标变量。

图 3-11 错误提示

为了判断某位学生是否为贫困生，我们需要给数据设定一个目标，双击打开"文件"小部件，在如图 3-12 所示的界面中，选择"是否贫困生"这个字段的角色，单击进行修改，从"特征"改为"目标"，因为我们要根据数据来判断某位学生是否为贫困生（poor=1），修改后单击右下角的"应用"按钮。

最终完成的工作流如图 3-13 所示。

图 3-12 初始数据作用修改

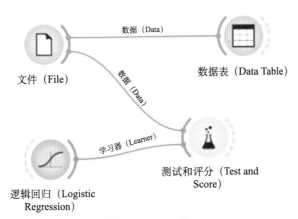

图 3-13 工作流

然后双击"测试与评分"小部件（图3-14），看一下初步效果，将"折叠次数"设置为10，这里的所有结果都是越接近于1越好，我们观察熟悉的准确率，即CA（Classification Accuracy）是正确预测的结果所占的比例，在贫困生判别中，CA的结果越接近于1，说明在判别贫困生方面表现得越好，AUC等结果也是越接近于1越好。

从图3-14可见准确率CA为0.666，AUC（Area Under Curve）为0.722，总体来说，作为初学者我们的模型效果还可以。

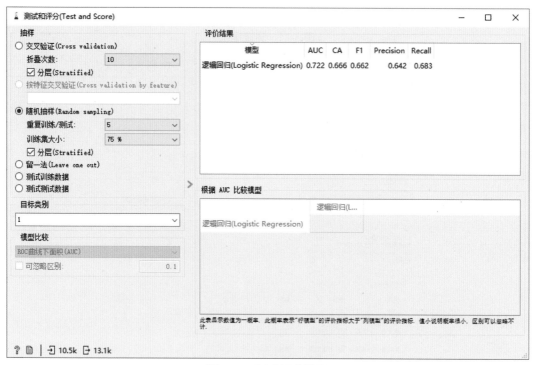

图 3-14　测试评分结果

这样就可以了吗？是的，这样就可以了，我们已经帮助小明完成了贫困生判别的任务。不过，这个预测效果怎么样？

想一想

● 尝试使用"散点图"小部件，观察数据的各个特征对结果的影响，你认为哪个特征对分类结果影响较大？

3.5.3　查看结果

打开本书提供的"贫困生判别（完整版）.ows"工作流（图3-15）。

从图3-15所示的完整工作流中可以看到，从"文件"小部件中导入的数据被送到了逻辑回归算法进行处理，之后进入"测试和评分"模块，最后在评价结果部分有一个名为"混淆矩阵"的部件。双击此部件，可以看到如图3-16所示的结果。

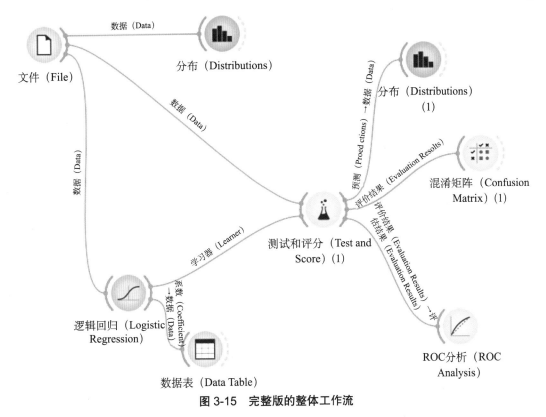

图 3-15 完整版的整体工作流

图 3-16 预测结果（逻辑回归算法）

　　在此，简要介绍一下"混淆矩阵"。混淆矩阵是数据分析中用来总结分类模型预测结果的情形表，以表格形式将数据集按照实际的类别与分类模型做出的分类结果进行汇总显示。

　　以二元分类问题为例，数据集中有肯定和否定两类数据，而分类模型可能做出阳性判断（判断数据属于肯定类别）或阴性判断（判断记录属于否定类别）两种判断。因此二元分类问题的混淆矩阵是一个 2×2 的表格，显示以下四组记录的数目：做出正确判断的肯定记录数（真阳性）、做出错误判断的肯定记录数（假阴性）、做出正确判断的否定记录数（真阴性）以及做出错误判断的否定记录数（假阳性）。表 3-2 给出了混淆矩阵的结构。

表 3-2　二元分类问题混淆矩阵结构

	预测肯定类 0	预测否定类 1
实际 0	真阳性记录数	假阳性记录数
实际 1	假阴性记录数	真阴性记录数

对于图 3-16 所示的混淆矩阵结果，我们可以看出，左下角和右上角的数字 1984 和 2380 是判断错误分类的部分。其中 1984 是被错分为 1 的数量，而 2380 是被错分为 0 的数量。

3.6　深入分析

小明同学为了探究逻辑回归算法的原理，他以贫困生判定案例进行探索。假设根据学生在食堂的消费记录信息，比如，平均每次消费的金额、单次最小的消费金额和总消费金额等信息判断他是否是贫困生，我们期望的结果无非两种：是或者不是。于是，他找到了学生在食堂的校园卡消费记录，如图 3-17 所示，几列数据分别为是否贫困生、平均每次消费的金额、单次最小的消费金额、单次最大的消费金额、总消费金额。其中贫困生标注为 1，非贫困生标注为 0。

是否贫困生	平均每次消费的金额	单次最大的消费金额	单次最小的消费金额	总消费金额
0	11.2409	34	1	1236.5
1	4.38519	23	0.5	592
0	11.6992	24	2	1556
1	6.69022	24	1	615.5
0	12.7487	45.5	1	1019.9
1	7.61446	13	2	632

贫困生判别

图 3-17　是否贫困

试一试

请在计算机或草稿纸上画出总消费金额和是否贫困生的关系，如果使用线性回归算法，这个回归线大致怎么画？自己试试吧。

想一想

● 有了回归线，能否使用回归线来区分学生是否为贫困生？

3.6.1　为什么用逻辑回归

逻辑回归，虽然被称为回归，但其实际上是分类模型。逻辑回归因其简单易于解释、可并行化、可解释性强，深受工业界喜爱。那为什么不可以用线性回归做分类呢？

如图 3-18 所示画出了贫困与否和特征的关系图，其中，贫困标注为 1，非贫困标注为 0。观察是否贫困和某特征的关系，假设使用回归方法解决这个问题，将找到一条回归线，即图 3-18 中的斜线。

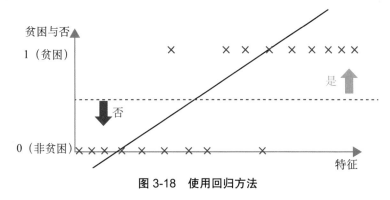

图 3-18　使用回归方法

想一想

● 有了这条回归斜线，你能区分贫困和非贫困吗？写出你的理由。

_____

_____

● 你认为应该如何来理解这条回归斜线？

_____

_____

因为贫困与否用 0 和 1 来标记，我们想能否用 0.5 来做分界线？也就是回归模型算出来的结果大于 0.5 的就判定为贫困，小于 0.5 的就判定为非贫困。

如图 3-19 所示，我们可以为所选特征设置一个阈值，根据特征的值与阈值的比较来预测是否贫困。也就是找到一个分界线对应的值，设置这个值为阈值，大于阈值的是贫困生，否则非贫困生。

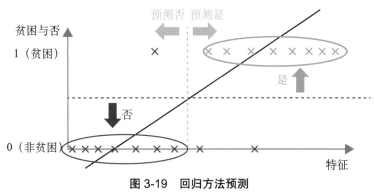

图 3-19　回归方法预测

但是这条回归线到底代表什么呢？如果我们将回归线值在 0 和 1 之间的数值考虑为贫困与否的概率，会产生一些问题。首先，回归线预测的值大于 1 怎么理解？其次，回归线预测的值小于 0 怎么理解?

另外,所有点都离这条线好远,但是我们的回归线又想要让所有点尽可能接近,这就比较难了。假设有一个贫困点在右侧并离其他点很远的位置(图 3-20),则为了照顾这个点,回归线将会偏离。因为一个偏离点,导致整个模型的不稳定,说明这个方法必然是存在问题的。

想一想

● 为什么回归线想要让所有点尽可能接近呢?

_____

_____

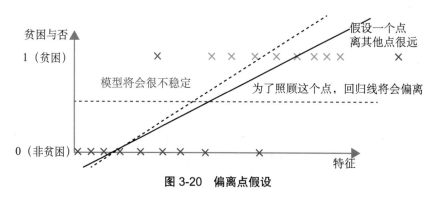

图 3-20 偏离点假设

为了解决这些问题,我们可以想象,最好能做出图 3-21 所示的结果。如果可以的话,只要计算出来贫困的概率比阈值大,就预测为是贫困,否则就是非贫困。

想一想

● 如图 3-21 所示类似的线,能够解决上述的两个问题吗?为什么?

_____

_____

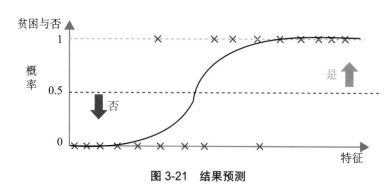

图 3-21 结果预测

现在的问题,就是如何能将直线变弯呢?

3.6.2 从线性回归到逻辑回归

我们使用 Sigmoid 函数将线性回归的直线转为一个 S 形曲线。Sigmoid 函数为：

$$\delta(z) = \frac{1}{1 + e^{-z}}$$

Sigmoid 函数曲线图如图 3-22 所示。

它能够将 $z = b + w_1x_1 + \cdots + w_nx_n$ 转换为 $y = \delta(z)$，当 $z > 0$ 时，$\delta(z) > 0.5$；当 $z < 0$ 时，$\delta(z) < 0.5$。这里的 0.5 就是一个分界点，也就是判定边界，也就是上面所说的阈值。

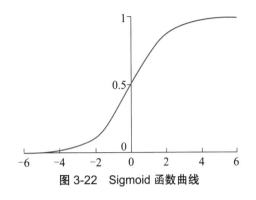

图 3-22　Sigmoid 函数曲线

这样我们就将结果限制在了 0 和 1 之间，这种分类的方法就是逻辑回归。逻辑回归是处理分类任务的常用方法，它会计算出一个 0 到 1 的概率值，根据阈值判断应该是 0 还是 1，使得它的最终结果不是 1 就是 0。

比如这个贫困生判定的例子就是一个判断 0 还是 1 的问题。类似的问题还有判断学生是否获得奖学金，判断是否有某种疾病，判断客户是否为忠实客户，判断一张图片中的动物是猫还是狗。

3.6.3 判定边界

这个例子中，阈值的两侧有不同的贫困结果，这条线就叫判定边界（Decision Boundary），我们可以调整判定边界来调整判定的结果。

如图 3-23 所示的例子中，可以画出最小消费额和总消费额与是否是贫困生的关系。判定边界的左侧预测为贫困生，右侧为非贫困生。如果判定边界左移，可以使预测为贫困生的数据更多的真的是贫困生了，但是却丢失了一些真实贫困生的数据。反之，如果判定边界右移，可以包括更多真的贫困生的数据，但是却使误判为贫困生的可能性增大。

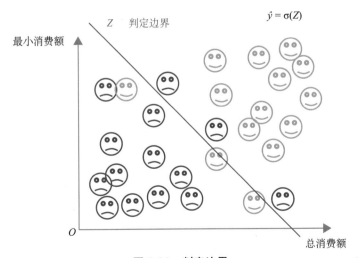

图 3-23　判定边界

想一想

- 假设学校对贫困生资助的预算充足，如图 3-23 所示的判定边界可以如何移动？

_____

_____

- 假设学校对贫困生资助的预算不足，如图 3-23 所示的判定边界可以如何移动？

_____

_____

3.6.4 评价指标与模型解释

在前面线性回归问题中，我们可以使用决定系数来评价模型，在分类问题中，我们使用 ROC/AUC、F1 等指标。这些指标都是值越接近 1 越好。在图 3-14 中，我们已经看到我们的模型效果还可以。

这里我们主要使用"分布"小部件对数据进行探索性分析。我们已经尝试过使用"散点图"小部件可视化数据，这里尝试通过"分布"小部件来查看（图 3-24）。

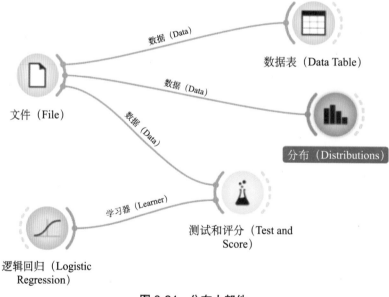

图 3-24　分布小部件

3.6.4.1 查看标签各个类别的比例

最基本的就是先查看目标"是否贫困生"本身，实际上，我们在前面 3.5.2.1 小节提到过我们使用的数据经过了平衡处理，所以如图 3-25 所示，可以发现贫困生人数跟非贫困生人数差不多。

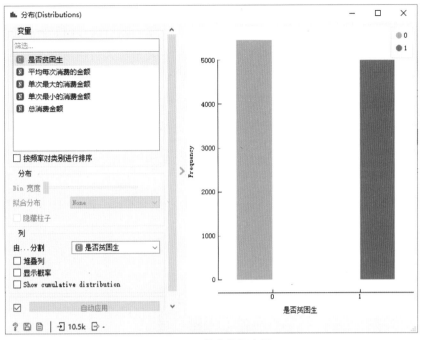

图 3-25 基本数据查看

3.6.4.2 查看特征与标签的关系

接着我们想根据"平均每次消费的金额"数据查看分布（图 3-26）。可以明显发现大部分非贫困的学生消费金额在 5～15 元这个金额之间，而贫困生的学生消费金额大都集中在 2～12 元这个金额之间，相比非贫困生的消费额要低一些。

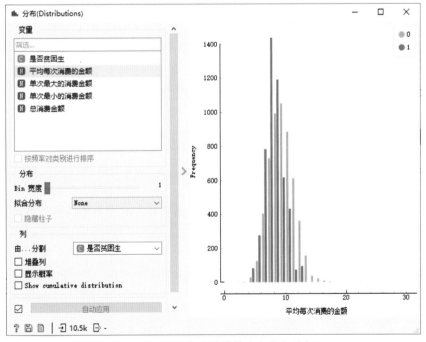

图 3-26 平均每次消费的金额数据分析

我们再看一下"单次最大的消费金额"（图 3-27），将分布的 Bin 宽度改为 25 左右，发现单次最大的消费金额在 25～50 元范围内，如图 3-27 所示的黑框标识，红色和蓝色的区分度很高，可以看出红色部分（贫困生）的单次最大的消费金额人数明显低于蓝色部分（非贫困生）的单次最大的消费金额人数，大部分贫困生的单次最大的消费金额在 25 元以下。

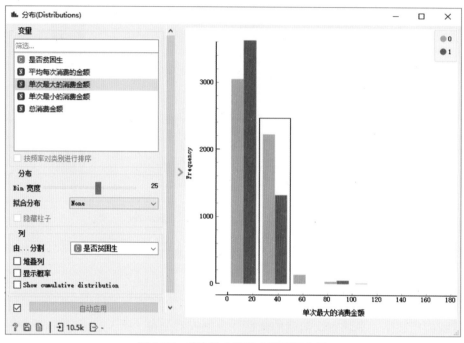

图 3-27　单次最大消费金额数据分析

试一试

● 同学们可以自己探索一下剩下的消费数值，看看还有什么规律，是否跟实际相符？

3.6.5　模型解释

模型建立后，我们希望从模型中发现更多信息，使用模型解释现象，这就需要模型解释了。

如图 3-28 所示，逻辑回归的系数有什么意义？逻辑回归的系数不能像线性回归那样简单地理解，因为逻辑回归经过了 Sigmod 函数的转换。总之：

● 符号为正表示正影响，为负表示负影响。
● 系数绝对值大，影响会大。

想一想

● 根据"分布"小部件对数据进行探索性分析以及图 3-28 所示逻辑回归模型系数，解释此逻辑回归模型。

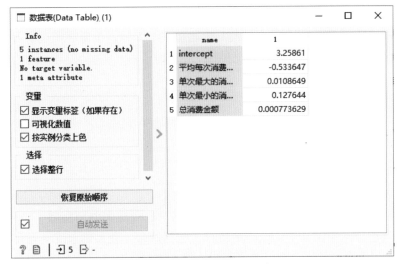

图 3-28　逻辑回归模型系数

观察图 3-28，发现"平均每次消费金额"的系数是负的影响，但系数较大，因此，其对贫困生判别影响较大，这与贫困生的消费水平基本事实相符，贫困生总体消费水平较低，所以平均每次消费金额相比非贫困生较少。其次，"单次最小的消费金额"的系数相比也较大，因此，对贫困生判别影响也较大，这与贫困生的消费水平也基本事实相符，贫困生平时消费相对节俭，所以单次最小的消费金额相比非贫困生要小。

想一想

● 逻辑回归系数提供的信息与你用"散点图"和"分布"小部件查看到的结论吻合吗？

_____

_____

3.7　本章项目实训

实训引入

小明是一名刚入校的大学新生，从小就对植物、花卉感兴趣，经常阅读一些植物方面的书籍，对植物生长发育、植物分类有一定的了解。小明入校后发现校园里面有各种绿化植物，包括各种花卉、乔木、灌木。小明对各种花卉尤其感兴趣，他也会把各种专业知识分享给同学，同学们有问题也经常咨询小明。在一次讨论中，有同学提出：能不能开发一款人工智能的 App，可以帮助同学们快速区分不同品种的花卉，小明觉得这个想法很好，于是就开始学习各种人工智能的软件和算法，希望能开发一款初级的人工智能 App 来帮助同学们快速识别各种不同的花卉种类。

经过一定的思考后，小明决定以常见的鸢尾花为例，通过一定的算法来对不同品种的鸢尾花进行分类。小明考虑根据鸢尾花的结构特性进行分类，因为鸢尾花有很多种类型，它们一般通过花萼长度、花萼宽度、花瓣长度、花瓣宽度进行区分。小明找到了鸢尾花的公开数据集，开始进行学习分类。最终通过这样一个训练和学习过程，小明意识到人工智能的潜在价值，在大学的选修课中特意选择了跟人工智能相关的课程，希望能通过学习，将人工智能应用在学习和生活的各个方面，提高自己的能力和水平。

实训目的

（1）掌握"橙现智能"的基本使用方法。

（2）掌握机器学习基准工作流的建立方法。

（3）掌握模型解释和的方法。

实训内容

此任务中我们使用鸢尾花分类的例子及其数据来进行逻辑回归实战（https://www.kaggle.com/uciml/iris）。这里给出了 4 个鸢尾花的特征，包括花萼、花瓣的长度和宽度特征数据，目的是给定新的鸢尾花特征数据，判定鸢尾花的品种。数据集提供了共 150 个样本数据。数据可以通过"橙现智能"中的"文件"小部件加载，在画布中添加"文件"小部件后，通过双击"文件"小部件，单击"文件"向下的箭头，即可找到 iris.tab 的鸢尾花数据集，具体操作如图3-29 所示。

针对鸢尾花品种的分类任务，我们使用"橙现智能"实现。

图 3-29　"橙现智能"中鸢尾花数据集

实训步骤

（1）完成机器学习基本工作流。

（2）建立模型。

（3）数据分布情况分析。

实训报告要求

详细描述项目实训的过程及结果分析。

3.8　本章项目总结

　　本章以图形化的方式着重阐述了分类问题，为什么要采用逻辑回归方法，以及逻辑回归的基本思想和方法。通过学生身边的贫困生判别的案例，分析了分类问题，并在"橙现智能"中采用逻辑回归算法实现了贫困生的判定。接着深入分析逻辑回归理论，通过上节课的线性回归方法的逐步引导，过渡到逻辑回归算法，集合图形化的分析及软件实操，方便学生真正地理解与应用。

3.9　本章项目习题

（1）用自己的话说说什么是分类问题，生活中分类问题有哪些？
（2）从模型的系数中，分析贫困生判别主要受什么影响比较大。
（3）判定边界有什么作用？
（4）使用"橙现智能"软件，找一找自己的数据进行分类。

4 客户流失分类

4.1　问题描述

小明最近打算把通信号码换成深圳的，于是周末小明就跟同学约好一起去附近的通信公司营业厅办理业务，走进营业大厅后发现之前需要排队取号的流程已经取消，变成了随时到随时办，甚至有几个办理窗口已经关闭。小明同学很是好奇，为什么往日排队的场景消失了，就跟业务员聊天，得知他们的客户都被对手挖走了，客户流失严重，对他们的业务造成了很大的影响（图 4-1）。

问题

图 4-1　客户流失问题

研究分析顾客流失，对于企业挽救危机、健康成长具有十分重要的意义。小明想帮助他们做点事情，也很想知道客户流失的原因。于是小明利用课余时间进行资料收集和调查。

4.2　学习目标

知识目标

◆ 熟练掌握机器学习的步骤
◆ 理解支持向量机的原理
◆ 理解决策树的原理

◆ 了解集成学习的原理

技能目标

◆ 能够使用"橙现智能"搭建基本的机器学习工作流
◆ 能够使用分布等可视化方法观察与分析数据
◆ 能够评价模型好坏
◆ 能够解释树模型
◆ 能根据模型解释优化业务决策

4.3　项目引导

4.3.1　问题引导

通过学习我们已经知道了如何使用逻辑回归解决分类问题，但是逻辑回归并不是解决分类问题的唯一方法。你在生活中遇到分类问题，会如何解决呢？

（1）请写出一个你解决生活中分类问题的方法。

_____

_____

（2）分组讨论各个同学的方法。

_____

_____

4.3.2　初步分析

小明打开"橙现智能"软件，发现在"模型"选项卡中有很多算法，比如有"支持向量机""树"等。这些算法可以用来做分类吗？

试一试

● 尝试使用"支持向量机"和"树"小部件，分析上一章的贫困生判别问题。

_____

_____

4.4　知识准备

在实际应用中，分类问题往往多于回归问题，对于分类问题，分类算法有很多种，对不同的场景，我们会使用不同的模型。除了逻辑回归，人们还经常使用支持向量机、决策树等算法。支持向量机对较小数据量的问题有较好的效果，但是很多情况下其结果缺乏良好的解释性。决策树算法在数据量足够的情况下分类效果好，结果直观，解释性强，也是一种经常使用的算法。

4.5 项目实战 1

小明计划先试一试能否使用已经学过的模型方法解决这个问题，然后再试试支持向量机的方法。

4.5.1 项目实施

SVM

4.5.1.1 数据说明

小明找到了网上的一个预测电信公司客户流失率开放数据源（图 4-2），统计自某电信公司一段时间内的消费数据。原始数据名为“Telco-Customer-Churn.csv”。小明先用 Excel 打开这个数据（图 4-2），看看里面有哪些内容。

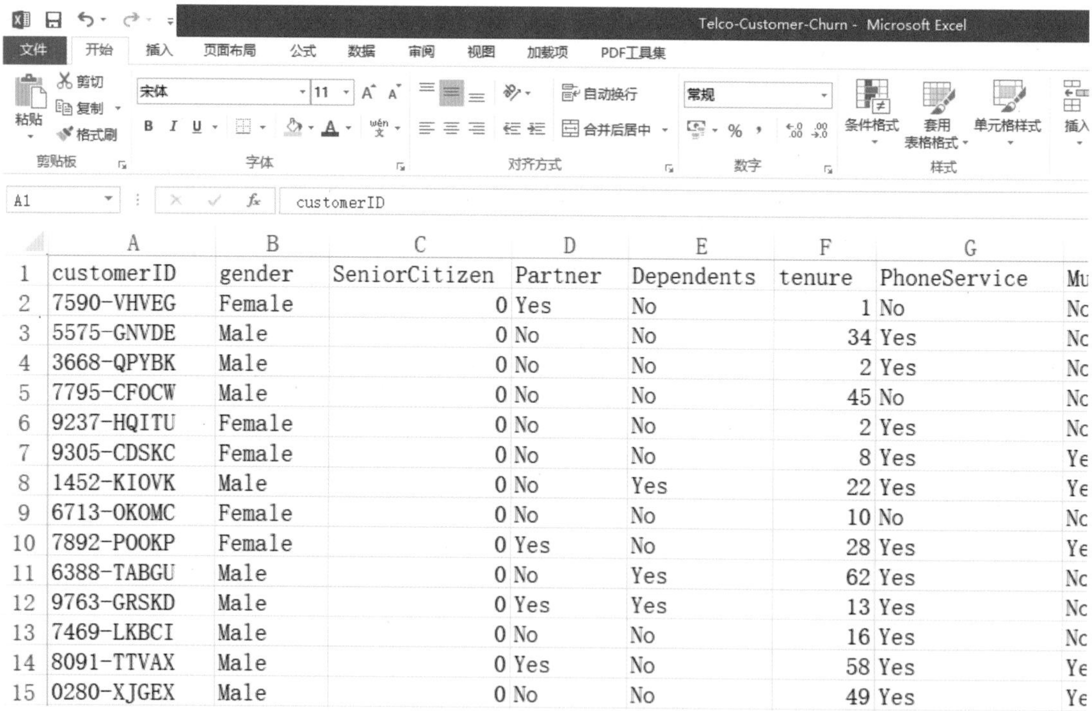

	A	B	C	D	E	F	G	
1	customerID	gender	SeniorCitizen	Partner	Dependents	tenure	PhoneService	Mu
2	7590-VHVEG	Female	0	Yes	No	1	No	Nc
3	5575-GNVDE	Male	0	No	No	34	Yes	Nc
4	3668-QPYBK	Male	0	No	No	2	Yes	Nc
5	7795-CFOCW	Male	0	No	No	45	No	Nc
6	9237-HQITU	Female	0	No	No	2	Yes	Nc
7	9305-CDSKC	Female	0	No	No	8	Yes	Ye
8	1452-KIOVK	Male	0	No	Yes	22	Yes	Ye
9	6713-OKOMC	Female	0	No	No	10	No	Nc
10	7892-POOKP	Female	0	Yes	No	28	Yes	Ye
11	6388-TABGU	Male	0	No	Yes	62	Yes	Nc
12	9763-GRSKD	Male	0	Yes	Yes	13	Yes	Nc
13	7469-LKBCI	Male	0	No	No	16	Yes	Nc
14	8091-TTVAX	Male	0	Yes	No	58	Yes	Ye
15	0280-XJGEX	Male	0	No	No	49	Yes	Ye

图 4-2 在 Excel 中查看数据

通过查看，小明发现共有 7043 笔客户资料，每笔客户资料包含 21 个字段，其中 1 个客户 ID 字段，19 个输入字段及 1 个目标字段 Churn（Yes 代表流失，No 代表未流失）。

21 个字段的内容分别如表 4-1 所示。

表 4-1 基本数据信息和内容

特征字段	字段对应的中文意义及参数可选范围	维度
customerID	用户 ID	
gender	性别（Female & Male）	用户画像指标
SeniorCitizen	老年人（1 表示是，0 表示不是）	用户画像指标
Partner	是否有配偶（Yes or No）	用户画像指标
Dependents	是否经济独立（Yes or No）	用户画像指标
tenure	客户接受公司服务时长	用户画像指标
PhoneService	是否开通电话服务业务（Yes or No）	消费产品指标
MultipleLines	是否开通了多线业务（Yes，No or No phoneservice 三种）	消费产品指标
InternetService	是否开通互联网服务（No，DSL 数字网络，fiber optic 光纤网络 三种）	消费产品指标
OnlineSecurity	是否开通网络安全服务（Yes，No，No internetserive 三种）	消费产品指标
OnlineBackup	是否开通在线备份业务（Yes，No，No internetserive 三种）	消费产品指标
DeviceProtection	是否开通了设备保护业务（Yes，No，No internetserive 三种）	消费产品指标
TechSupport	是否开通了技术支持服务（Yes，No，No internetserive 三种）	消费产品指标
StreamingTV	是否开通网络电视（Yes，No，No internetserive 三种）	消费产品指标
StreamingMovies	是否开通网络电影（Yes，No，No internetserive 三种）	消费产品指标
Contract	签订合同方式（按月，一年，两年）	消费信息指标
PaperlessBilling	是否开通电子账单（Yes or No）	消费信息指标
PaymentMethod	付款方式（bank transfer，credit card，electronic check，mailed check）	消费信息指标
MonthlyCharges	月费用	消费信息指标
TotalCharges	总费用	消费信息指标
Churn	该用户是否流失（Yes or No）	

19 个输入字段主要包含以下三个维度指标：用户画像指标、消费产品指标、消费信息指标。

4.5.1.2 开始动手

有了这些数据，我们先将其导入"橙现智能"软件里面。拖入"文件"小部件，双击选中"Telco-Customer-Churn.csv"文件，打开后，如图 4-3 所示，再把 Churn 对应的角色修改为"目标"，因为 CustomerID 与目标无关，故把 CustomerID 的角色修改为"忽略"，单击"应用"按钮。

同样可以从"文件"引出一个"数据表"，查看该数据的情况，如图 4-4 所示。

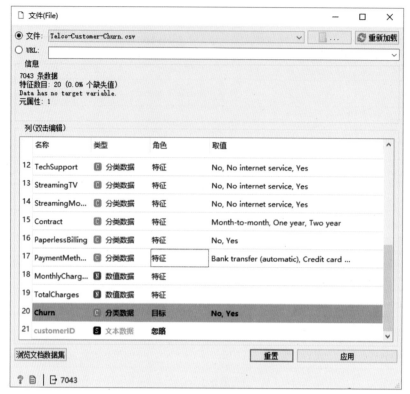

图 4-3　数据导入

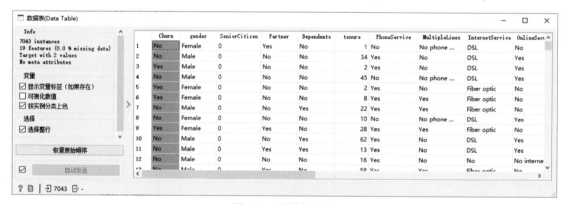

图 4-4　查看数据表

试一试

- 使用"逻辑回归"，尝试解决此分类问题。
- 根据"逻辑回归"的模型参数，分析各个特征的影响。
- 使用"分布"小部件，查看各个特征对结果的影响。
- 尝试使用"马赛克图"小部件，查看各个特征对结果的影响。请大家单击小部件左下角的"？"按钮（图 4-5），查阅文档，学习如何使用此小部件。

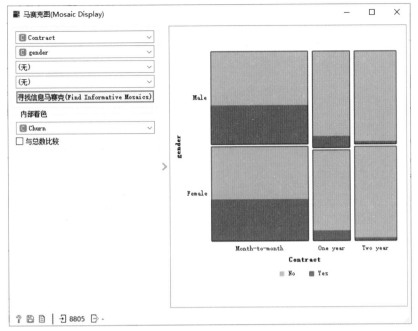

图 4-5　马赛克图

想一想

- 根据上述查看与分析，说说哪些特征对流失的影响较大。
- 对流失影响较大的特征，有哪些是你可以通过业务调整优化的。例如，发现 Contract 采用月付流失率较大，则可以通过打折等方法试图将顾客引导为年付，从而降低流失率。
- 分组讨论各自的业务优化方法。

从模型库里面选择"支持向量机"小部件，拖入工作流程中，并与"测试和评分"小部件相连接。然后导入需要分析的数据文件，利用"测试和评分"小部件进行数据分析，得出我们需要的数据结果。

使用支持向量机的基准工作流如图 4-6 所示。

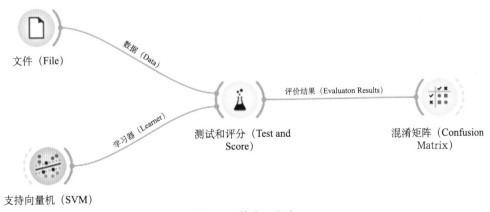

图 4-6　基准工作流

使用 SVM 模型的参数如图 4-7 所示。

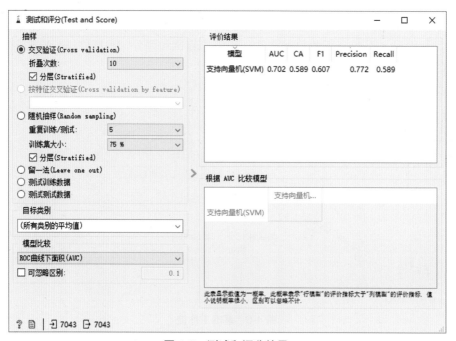

图 4-7　SVM 基本参数

4.5.2　查看结果

双击"测试和评分"小部件，查看测试和评分结果，如图 4-8 所示，可见准确率 CA（Classification Accuracy）为 0.589，AUC（Area Under Curve）为 0.702，因为准确率 CA 和 AUC 都是越接近越好，所以此发现模型结果一般。

图 4-8　测试和评分结果

双击"混淆矩阵"小部件，查看混淆矩阵结果，如图4-9所示，显然，分错的数据比较多。

图 4-9 混淆矩阵结果

4.6 深入分析1

支持向量机（Support Vector Machine，SVM）是分类与回归分析中的一种算法。在二维空间的分类问题中，支持向量机就是找到一条能将数据最好分类的线。支持向量机认为什么是最好的呢？分类的时候，很多情况下不只有一种方法可以将数据分类，如图4-10（a）所示，几条直线都可以将数据分类。支持向量

SVM

机就会找到一条线，如图4-10（b）所示，使其将数据分类，并且两类数据之间的距离尽可能大。或者更通俗地说，找一条马路作为分界线，马路越宽越好。

图 4-10 支持向量机分类示意图

(a) 几条直线都可以将数据分类；(b) 找一条马路作为分界线，马路越宽越好

4.6.1 支持向量是什么

我们看到的点怎么就成向量了呢？如图4-11所示，因为每个点都可以看作是从原点出发指向此点的一个向量。支持向量机算法使用这些支持向量作为支撑点，使边界尽可能宽。

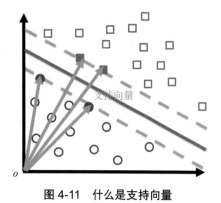

图 4-11　什么是支持向量

了解了支持向量的原理，那么什么是向量呢？在数学中，向量（也称矢量），指具有大小（Magnitude）和方向的量。它可以形象化地表示为带箭头的线段。箭头所指代表向量的方向；线段长度代表向量的大小。与向量对应的量叫作数量（物理学中称标量），数量（或标量）只有大小，没有方向。

向量的记法：印刷体记作黑体（粗体）的字母（如 a、b、u、v），书写时在字母顶上加小箭头"→"。如果给定向量的起点 A 和终点 B，可将向量记作 $\overrightarrow{AB}$。在空间直角坐系中，也能把向量以数字对形式表示，如平面中（2，3）是一个向量。

4.6.2　逻辑回归与支持向量机的比较

我们仅从二者的损失函数角度了解二者对数据的敏感程度的区别，其中，支持向量机的损失函数是 Hinge loss，而逻辑回归损失函数是 Logistic loss（图 4-12）。前面介绍过，损失函数值越小模型越好。在模型训练的时候，其实就是将损失函数值不停降低。从图 4-12 可见，如果真实值为 1 的话，两个损失函数都是左侧大右侧小，训练模型大致就是尽量让取值靠右。

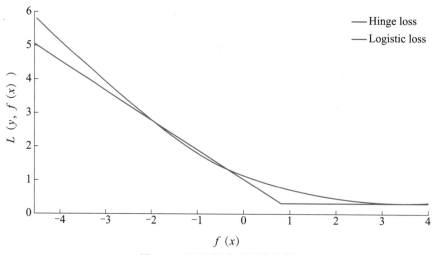

图 4-12　不同损失函数的比较

观察二者的损失函数，我们可以注意到以下四点：

- Hinge loss 没有 Logistic loss 上升得快。也就是说，Logistic loss 对于异常值会有更大的惩罚，导致逻辑回归对异常点的容忍程度相对较低。

- 不管哪个损失函数，即使分类对了，在边界附近的值也会受到惩罚，这导致二者都会要求能够更好地分类，从而使各个值能够尽可能地远离边界。

- 即使一个值被确信地分类了，也就是它离边界很远，Logistic loss 也不会变为 0。这导致逻辑回归进一步要求所有点都能够进一步远离边界。

- 如果一个值被比较好地分类了，也就是它离边界比较远，Hinge loss 立即变为 0。这导致支持向量机并不在乎较远的点到底在哪，它只在意边界附近的点（支持向量）。在意附近的点是因为根据第二点，即使支持向量划分正确，Hinge loss 也不为 0，导致支持向量机仅仅想要将支持向量推离边界，直到 Hinge loss 为 0。

基于以上四点，二者的分类结果会出现以下两种显著区别：

- 逻辑回归尽可能提高所有点分类正确的概率，而支持向量机尝试最大化由支持向量确定的边界距离。换句话说，逻辑回归尝试将所有点都远离边界；而支持向量机尝试将支持向量推得更开。观察图 4-13，蓝色点主要分布于右上角，红色点主要分布于左下角。因为"逻辑回归尽可能提高所有点分类正确的概率"，所以逻辑回归其实更看重将这两部分区域分开。由图 4-13（a）可见逻辑回归的判定边界大致是"捺（╲）"方向。而因为"支持向量机尝试最大化由支持向量确定的边界距离"，所以它并不关心双方大量的点聚集在哪里，它只想要把边界推得更宽。由图 4-13（b）可见支持向量机的判定边界大致是"撇（╱）"方向。

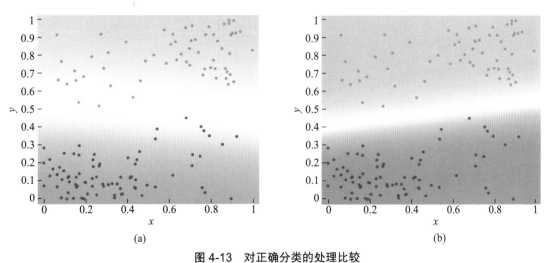

图 4-13 对正确分类的处理比较

(a) 逻辑回归　(b) 支持向量机

- 逻辑回归对错误的承受能力更低，它会尽可能地要求所有值都正确分类。支持向量机对错误承受能力相对较高，它的目的是更多地将边界拓宽。换句话说，逻辑回归想要的是不同种类能分开就全部分开，就算中间只有一张纸距离也算分开了；而支持向量机想要的是不同种类离得越远越好，最好是一堵厚实的墙，即使牺牲一些已类分到对方也无所谓。观察图 4-14，有两个蓝色的点位于右侧中部，这里主要是红色点的区域。如果是逻辑回归来找判定边界，因为它想要"尽可能地要求所有值都正确分类"，所以它会尽力将这两个点也划分正确，导致判定边界变得比较窄，大量点位于边界附近，如图 4-14（a）所示。而支持向量机"对错误承受能力相对较高，它的目的是更多地将边界拓宽"，所以它牺牲了右侧中间这两个蓝点，选择更宽的边界，如图 4-14（b）所示。

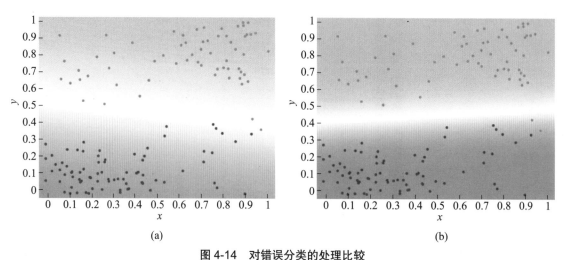

(a)　　　　　　　　　　　　　　(b)

图 4-14　对错误分类的处理比较

(a) 逻辑回归　(b) 支持向量机

4.7　项目实战 2

这个项目中，我们使用树模型搭建工作流。

试一试

- 尝试根据前面知识，用"树"小节点搭建客户流失分类工作流。

树

4.7.1　项目实施

从模型库里面选择"树"小部件，拖入工作流程中，并与"测试和评分"小部件连接起来。

然后导入需要分析的数据文件，利用"测试和评分"小部件进行数据分析，得出我们需要的数据结果，建立如图 4-15 所示的工作流。

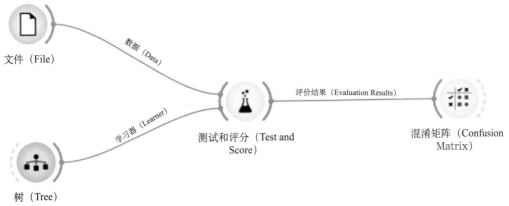

图 4-15　决策树工作流

4.7.2　查看结果

双击"测试和评分"小部件，得到的评分结果如图 4-16 所示。可见准确率 CA（Classification Accuracy）为 0.920，AUC（Area under Curve）为 0.962，都接近 1，此模型效果很好。

图 4-16　测试评分结果

类似操作，双击"混淆矩阵"小部件，混淆矩阵查看结果如图 4-17 所示，可以发现分类错误已经很少了。

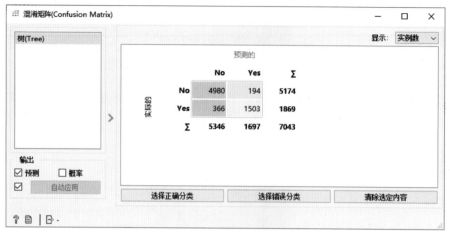

图 4-17　混淆矩阵结果

试一试

- 尝试根据自己对树模型的理解，设置"树"小部件的参数，有问题请单击小部件左下角的"？"查阅文档。

4.8　深入分析 2

决策树（Decision Tree），就是一个树形结构，树内部的每一个节点代表的是一个特征，树的分叉代表根据某特征的分类规则，而树的每一个叶子节点代表一个最终类别。树的最高层就是根节点。

图 4-18 所示的就是客户流失的决策树描述。图中，背景颜色越红代表流失率越高，背景颜色越浅代表流失率越低。

决策树

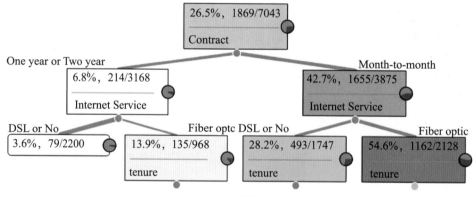

图 4-18　决策树示意

我们要判断客户流失情况，发现使用 Contract 可以更好地分类，就使用这个特征做"根"，One year or Two year 分为一类，Month-to-month 分为另一类。从图 4-18 还可以看出，没有分叉的时候，根节点 Contract 有 26.5% 的数据是易流失的。分叉以后，如果是 One year or Two year，流失率降低到了 6.8%，如果是 Month-to-month，流失率升高到了 42.7%。接下来又该如何分叉呢？算法会根据此时的数据情况，继续找一个好的特征分叉。随着树不断分叉，到某分支其流失率就会不断下降或者上升，这样就达到了将易流失和不易流失的客户分开的目的。但是一棵树需要长多大呢？这就取决于这棵树有多深，叶子有多少了。这些都可以在"橙现智能"中尝试设置。

想一想

- 如果树太大，分叉就会很多，每个叶子里面的数据就会不断减少，此时的模型还好吗？

_____

_____

- 使用如图 4-19 所示的工作流，将"文件"数据连接到"树"，"树"模型连接到"查看树"，打开"查看树"观察树模型，尝试解释你的模型。

_____

_____

图 4-19　查看树模型

4.9　项目实战 3

在实际使用中，我们常常会使用基于树的模型，而不是仅仅使用树模型。基于树的模型有很多，比如随机森林、堆叠、提升等算法。此项目中，我们使用此类算法，搭建客户流失分类工作流。这些算法的特点就是使用多棵树组合形成一个新的模型，所以叫作集成学习。

试一试

- 使用随机森林、堆叠、自适应提升算法搭建客户流失分类工作流。如果有问题，请单击小部件左下角的"？"查看帮助文档。

4.9.1 项目实施

在软件中选择"随机森林"和"自适应提升算法"，并建立如图 4-20 所示的工作流。

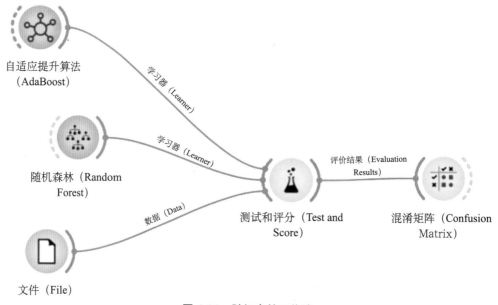

图 4-20　随机森林工作流

4.9.2 查看结果

测试和评分模块结果如图 4-21 所示。可见，当前模型参数条件下，使用随机森林算法的 AUC、准确率 CA 等指标都更大，更接近 1，所以根据这些指标，随机森林算法相比自适应提升算法，对客户流失分析效果要好一些。

通过混淆矩阵查看两个算法的分类情况，其中，随机森林算法的混淆矩阵结果如图 4-22 所示，尝试单击左侧"自适应提升算法"，查看自适应提升算法的混淆矩阵结果，并与随机森林算法的结果进行对比与分析。

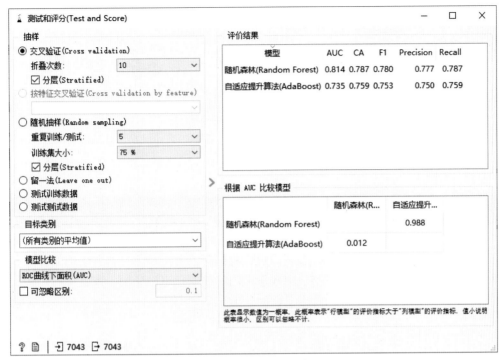

图 4-21　测试和评分结果

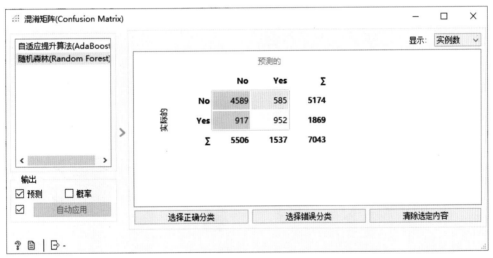

图 4-22　随机森林算法对应的混淆矩阵结果

试一试

- 请根据图 4-23 所示工作流查看"随机森林"小部件，并分析你的模型。有问题请单击小部件左下角的"？"查看帮助文档。

图 4-23　查看随机森林

4.10　深入分析 3

集成学习有一些共同点，也有很多不同点，我们深入分析一下这些方法的原理，方便自己可以调试出更好的模型。集成学习的好处就是可以让被集成的子模型们集思广益，起到三个臭皮匠赛过诸葛亮的效果。

集成学习

4.10.1　自助抽样

在理解集成学习前，我们先了解一下什么是自助抽样（Bootstrap）。自助抽样好比有一个袋子里面放了不同颜色的球，我们从里面随机拿出来一个球记录一下颜色又放回去，接着再从袋子里随机拿一个出来记录再放回去，如此反复。因此，自助抽样就是随机有放回的抽样。再比如，如图 4-24 所示的果篮，我们从中取出一个水果，记录一下是什么但是没吃掉又原样放回去了，然后再取出一个水果再记录，完成三碗的抽样。

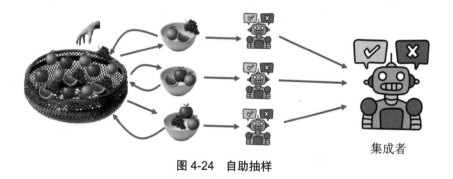

集成者

图 4-24　自助抽样

4.10.2　袋装

投票方法是袋装常用的一种方法。从训练集中自助抽样出 n 个样本集，建立 n 个决策树模型，然后这几个模型投票决定结果（图 4-25）。比如说泰坦尼克号模型，假设我们进行了三次自助抽样，对应地使用了三个分类器，分别对一个数据给出"生""生""死"的预测。根据少数服从多数的原则，最终分类结果为"生"。如果是投票决定的，为了防止平局，最好采取奇数次数目的抽样。

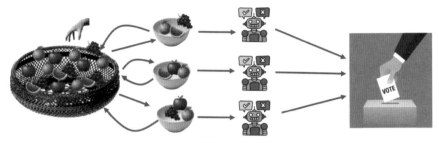

图 4-25　袋装使用投票方法

4.10.3　堆叠

堆叠类似袋装，它们最大的不同出现在投票阶段。在堆叠中，其投票方法不是袋装那样简单的"谁多听谁的"，而是将各个模型的预测结果作为输入，通入另一个"集成者"（就是任意一个可用的机器学习模型，比如逻辑回归模型），让它判断最后结果到底是什么（图 4-26）。

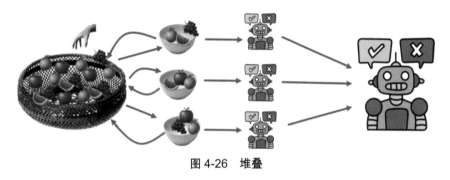

图 4-26　堆叠

试一试

● 尝试使用"堆叠"小部件搭建工作流。有问题请单击小部件左下角的"？"查看帮助文档。

4.10.4　随机森林

随机森林不仅对样本进行自助抽样，而且对特征也进行抽样，每次抽 m 个特征（m 一般为所有特征个数的平方根）。对特征抽样是为了防止特征之间的相关性对模型的影响。

比如小明想知道暑假旅行中他应该去哪里玩，于是向朋友们咨询。朋友会问小明他曾经去过哪些地方，他喜欢还是不喜欢这些地方。基于这些回答就能给小明一些建议，这便是一种典型的决策树算法。越来越多的朋友们会问他不同的问题，并从中给出一些建议。最后，小明选择了推荐最多的地方，这便是典型的随机森林算法。

4.10.5　提升

与袋装类似，提升算法的基本思想方法都是把多个弱分类器集成为强分类器。不过与袋装不同，袋装的每一步都是独立抽样的，提升中每一次迭代则是基于前一次的数据

人工智能基础

进行修正，提高前一次模型中分错样本在下次抽中的概率。打个比方，就像一个学生将每次练习和考试的错题集成为一个错题本，然后针对这个错题本学习。错题本做了一次之后，可能再次根据错误总结出一个新的错题本，接着再用新的错题本学习，不断提高成绩（图 4-27）。

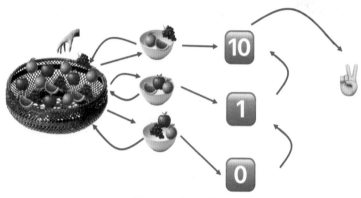

图 4-27　提升算法

试一试

- 尝试使用"梯度提升"小部件搭建工作流。有问题请单击小部件左下角的"？"查看帮助文档。

4.10.6　自适应提升

提升算法是数据分析中十分热门的算法，这里我们介绍一下提升算法中基础的一个算法 Adaboosting（Adaptive Boosting），即自适应提升，其自适应在于：前一个分类器分错的样本会被用来训练下一个分类器。我们通过图来了解一下这个过程。假设对图 4-28 中两种颜色的点进行分类。

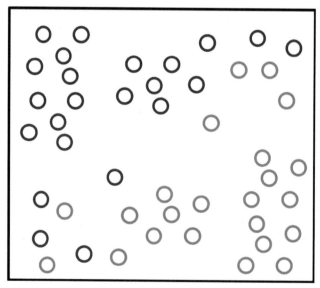

图 4-28　对两种颜色点分类

这个时候每一个数据的权重都一样，模型 $f1$ 简单地如图 4-29 所示做了分类。

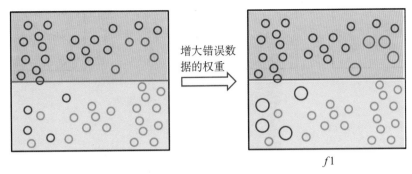

图 4-29　增大错误分类的权重

可以发现，这个简单的划分有大量的划分错误，这个时候算法增大了错误数据的权重，如图 4-29 中的右图显示就是增大了点的大小。由于模型 $f1$ 中错误的数据权重增大了，所以模型 $f2$ 会更注重将 $f1$ 分错的点分对，即如图 4-30 所示进行分类。

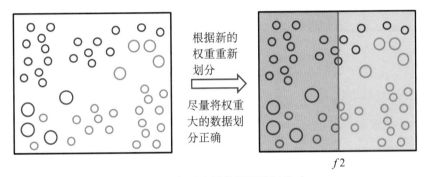

图 4-30　权重大的数据尽量划分对

根据模型的错误率给模型赋予权重，错误率低权重就高，错误率高权重就低，也就是算法更看重分类效果好的模型的预测结果。然后将模型的预测结果加权相加，就是最后自适应提升的结果。如图 4-31 所示，模型 $f1$ 有一个对应的权重 $w1$，模型 $f2$ 有一个对应的权重 $w2$，最终模型 f 可以理解为 $f = w1 \times f1 + w2 \times f2$。这里，两个模型预测一样的区域认为是确定没问题的，其他位置被认为是不确定的，可能需要继续提升。

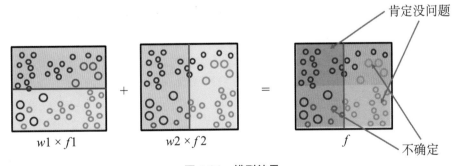

图 4-31　模型结果

通过增多弱分类器的数目，一般可以提高最终模型的准确率。如图 4-32 所示，更多的模型一起努力，得出一个强分类器。

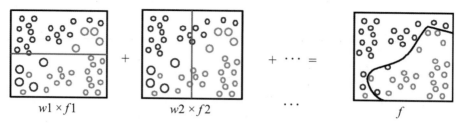

图 4-32　更多的模型得出更好的结果

试一试

- 尝试根据自己对树模型的理解，设置"随机森林"小部件的参数，有问题请单击小部件左下角的"？"查阅文档。
- 尝试根据自己对树模型的理解，设置"自适应提升"小部件的参数，有问题请单击小部件左下角的"？"查阅文档。

4.11　本章项目实训

实训导入

泰坦尼克号是一艘英国皇家邮轮（图 4-33），由贝尔法斯特的哈兰德与沃尔夫造船厂建造，号称"永不沉没梦幻之船"。

图 4-33　泰坦尼克号[①]

1912 年 4 月 10 日，泰坦尼克号展开首航，也是唯一一次载客出航，最终目的地为纽约。4 月 14 日至 15 日子夜前后，在中途发生了碰撞冰山后沉没的严重灾难。2224 名船上人员中有 1514 人罹难，成为近代史上最严重的和平时期船难。船长爱德华·约翰·史密斯（Edward John Smith）最终与船一起沉没；泰坦尼克号总设计师汤玛斯·安德鲁斯（Thomas Andrews）也在这起灾难中死亡。

实际上，哪些人幸存下来、哪些人丧生也是有一定规律的，比如妇女、儿童和上层阶级，他们比其他人更有可能生存。能否利用相关的特征数据，分析哪些人可能生存，进而来判断哪些乘客幸免于难？

---

① By Boris Lux - Lux's Type Collection, Ocean liners-Titanic, CC BY-SA 3.0, https://commons.wikimedia.org/w/index.php?curid=3706771

实训目的

（1）掌握"橙现智能"可视化小部件的使用方法。

（2）掌握机器学习基准工作流的建立方法。

（3）掌握模型解释的方法。

实训内容

本问题是 Kaggle 竞赛的一个入门题目，要根据泰坦尼克号中的乘客信息（https://www.kaggle.com/c/titanic），判断乘客能否活下来。

针对泰坦尼克号的生存预测任务，我们使用"橙现智能"实现。

实训步骤

（1）使用不同分类算法，完成机器学习工作流。

（2）建立模型。

（3）模型解释。

实训报告要求

详细描述项目实训的过程及结果。

4.12　本章小结

本章通过引入客户流失分类这个问题，分别详细比较了逻辑回归、支持向量机、决策树和随机森林等算法在分类问题中的应用，并引导大家了解如何使用可视化功能查看数据，结合模型给出的结果，为业务优化打下基础。

4.13　本章课后练习

（1）为什么支持向量机可以理解为"最宽大街法"？

（2）支持向量机对异常值敏感吗？为什么？

（3）用自己生活中的例子说明树模型的判断过程。

（4）使用"橙现智能"提供的可视化方法，加深自己对数据的认知，你有什么新发现？

（5）采用"查看树"小部件，你如何改善书中电信公司的客户流失情况呢？

5

图像识别

5.1 问题引导

小明周末约了朋友一起吃饭，在吃饭期间，得知朋友的公司业务增长得非常快，为了在增加新客户的同时，提高客户的服务质量，需要处理大量用户上传的图片并进行物体检测与识别（图 5-1），并需要识别出客户的一些手写字迹，小明的朋友正是这个项目的负责人，他正在为此项目发愁，不知该如何进展，小明之前通过网站对该领域的技术已较成熟，可以实现图像识别，小明打算帮朋友搜集相关的技术知识和资料以对其有所帮助。

问题引导

图 5-1　物体检测与识别

5.2 学习目标

知识目标

◆ 了解深度学习的含义

◆ 了解卷积神经网络的基本原理

◆ 理解卷积的意义

◆ 了解著名的卷积神经网络模型

技能目标

◆ 能够使用"TensorFlow 游乐场"调试简单的深度学习模型

◆ 能够搭建自己的手写数字识别工作流

◆ 能够使用"橙现智能"调用云端深度学习接口

5.3　项目引导

5.3.1　问题引导

前面例子中，小明使用带有若干特征的数据，采用逻辑回归等方法解决了客户流失等问题。但是如果涉及的是一个图像识别问题，如简单的手写数字识别问题（图 5-2），应该如何做才能知道每一张图片中是什么数字呢？

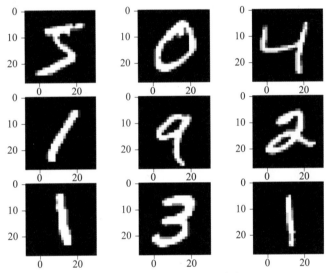

图 5-2　手写数字识别问题数据

想一想

（1）假设把每一个像素看作一个特征，可以使用逻辑回归进行手写数字识别运算吗？打开"mnist(初始).ows"，使用"橙现智能"提供的"mnist_csv"数据尝试一下吧。此数据的每一个特征都分别对应一个像素。

mnist_csv

（2）假设把每一个像素看作一个特征，而且可以使用逻辑回归进行手写数字识别运算，那么可以使用同样方法进行各类图片识别吗？如果图像像素数量很大则有什么问题吗？

（3）如果不想将每一个像素看作一个特征，你可以根据要分类的图片设计特征吗？以手写数字识别为例，试试设计你设计的特征。

_____

_____

（4）假设你设计了要分类图片的特征然后进行逻辑回归，分类效果与将每一个像素看作一个特征的效果差不多甚至更好。哪个方法对计算机资源消耗少？

_____

_____

（5）假设你设计了要分类图片的特征，然后进行逻辑回归，分类效果与将每一个像素看作一个特征的效果差不多甚至更好。你能将这种设计特征的方法方便地带入其他图片识别项目中吗？

_____

_____

5.3.2　初步分析

如果将图片的每一个像素看作一个特征，则特征的数量太多，计算机资源消耗会较大。而如果要我们人工去寻找图像特征，则费时费力还不一定好。小明琢磨来琢磨去，不知道该如何做是好。

突然，小明想到既然机器学习可以学习目标分类方法，那么机器学习能学习特征吗？再将这些学习到的特征进行逻辑回归，这样可以吗？

想一想

● 如果机器可以先学习特征再学习分类目标，那么画出你想象的模型结构。

_____

_____

5.4　知识准备 1

5.4.1　神经网络

知识准备

"神经网络"算法可以做到自动学习特征并用于分类等任务。现代的"人工神经网络"受生物神经的启发逐步发展而来，生物神经网络中最基本的组织是神经元，如图 5-3 所示的是一个人大脑中的神经元，我们的大脑由大量的神经元连接而成。例如，我们看到一辆汽车，可以想象大量光子信号通过眼睛传入，转为电信号，电信号一层一层传递。对于一个神经元来说，同时接收到若干电信号，细胞核根据这些电信号的综合效果，决定是否发出一个电信号，继续传递到突触（是否激活）。也就是说，神经元收到一组特征值，根据这组特征值来给出是或否的判断。

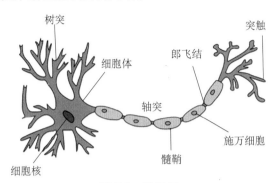

图 5-3　神经元

对于神经网络算法，如图 5-4 所示，我们可以将数个逻辑回归一层一层地叠加起来，每一层都学习一些特征，最终学习出合适的特征，并通过最后一层逻辑回归达到分类的目的。

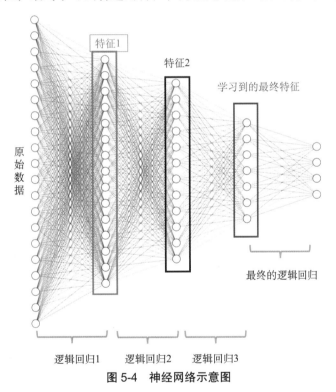

图 5-4　神经网络示意图

5.4.2　深度学习

如图 5-4 所示的神经网络如果进一步增加深度，就是深度神经网络，用这种网络进行的机器学习就是深度学习。如图 5-5 所示，深度神经网络可以分为输入层、隐藏层和输出层。数据由输入层输入网络，通过一系列隐藏层来转换为输出数据，再由输出层输出。每一层都由一组神经元组成，其中每一层都完全连接到之前层中的所有神经元，这样形成的就是完全连接层，最后一层做出预测。其中，每一个圆圈代表一个神经元，输入层和输出层之间的层就是隐藏层。

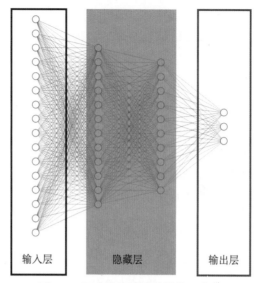

输入层　　　　　隐藏层　　　　　输出层

图 5-5　深度神经网络的结构示意图

由于深度学习可以简单理解为多个逻辑回归的层叠,而逻辑回归由于 Sigmoid 函数(也就是激活函数)的非线性变换作用,多层组合时已经不再是一个线性组合。这种非线性拟合能力使得深度学习可以完成很多复杂的任务,如图像识别等。

5.5　项目实战 1

5.5.1　项目期望

我们期望可以手动以图形化方法制作出一个简单的神经网络结构,并可以制作简单的数据分类或者回归。

5.5.2　项目实施

5.5.2.1　工具说明

TensorFlow 是由谷歌人工智能团队谷歌大脑(Google Brain)为深度神经网络开发的功能强大的开源软件库,于 2015 年 11 月首次发布。TensorFlow 拥有多层级结构,可部署于各类服务器、PC 终端和网页,并且支持 GPU 和 TPU 高性能数值计算,被广泛应用于谷歌内部的产品开发和各领域的科学研究。我们使用基于 TensorFlow 的"TensorFlow 游乐场",初步认知深度学习。

5.5.2.2　开始动手

打开"橙现智能",在"深度学习"模块中找到"TensorFlow 游乐场"小部件,构建并训练神经网络,以帮助大家建立对神经网络的直观印象。

"TensorFlow 游乐场"运行步骤如图 5-6 所示。

游乐场 1

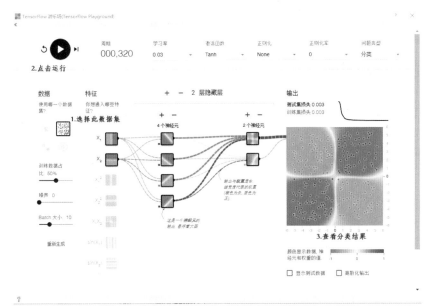

图 5-6　"TensorFlow 游乐场"运行步骤

第一步选择分类数据集，通过单击"数据"下面提供的 4 种数据集，选择分类数据集，被选中的数据会显示在最右侧的输出中，数据集中的数据包括蓝色和黄色的小点，每个点代表一个数据，点的颜色代表数据的标签，蓝色表示一个分类，黄色表示另一个分类。本步骤选择如图 5-6 所示的"exclusive or"数据集（异或数据集）。

第二步单击"运行"按钮，此时将按照设定的神经网络结构运行，如图 5-6 所示，该神经网络结构有 2 层隐藏层，运行一段时间后就可以看到结果了，从右上角的输出位置看到训练集损失可以降至 1% 以下。

单击图 5-6 中隐藏层前面的"+""-"符号，可以"增加或减少"隐藏层的层数。如果将隐藏层减少到 0，如图 5-7 所示，可以发现不论如何学习，输出端的损失率都很高。

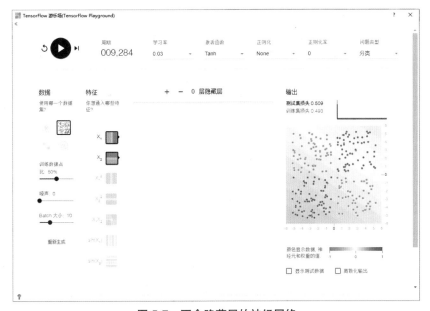

图 5-7　不含隐藏层的神经网络

因为在这种情况下，此模型给出的判定边界只能是一条直线，这说明不含隐藏层的神经网络无法解决图 5-6 中的 "exclusive or" 数据集（异或数据集）问题。

小知识：图 5-6 中所选择的 "exclusive or" 数据集（异或数据集）的分类问题就是异或问题，大家若有兴趣请自行搜索 "异或问题"。

螺旋线 2

试一试

● 请大家自行尝试在图 5-6 的基础上，将激活函数改为 "线性" 函数，是否还能分类？为什么？

_____

_____

● 请大家自行尝试其他数据分类和回归问题（有问题请单击小部件左下角的帮助按钮 "？"）。

_____

_____

5.6 深入分析 1

大家使用 "TensorFlow 游乐场" 构建的网络是类似图 5-4 和图 5-5 这样由完全连接层构成的神经网络。使用这种神经网络可以进行图像识别吗？

想一想

● 如果使用这种神经网络来构建图像识别模型，它有什么优缺点？

_____

_____

试一试

● "橙现智能" 中，打开 " mnist(全).ows"，使用提供的 "mnist_csv" 数据及 "神经网络" 小部件，查看手写数字识别工作流，并与逻辑回归的效果做比较。

_____

_____

● 在上一个问题的基础上，尝试调整 "神经网络" 小部件的模型参数，你的模型预测效果能变得更好吗？

_____

_____

常规神经网络需要一个层的每个神经元与下一层每个神经元相连，每个连接都需要设置参数，但是图像的像素众多，输入层即图像，此时将每个像素看作一个神经元，则与下一层连接后参数量巨大。在资源有限的情况下，很难实现。如图 5-8 所示，仅仅一个 32 像素的输入，3 层隐藏层就需要很多的连接，进而产生很多的参数，这会导致计算效率的极大降低。

那么我们应该如何处理好呢？我们可以使用卷积神经网络（CNN）进行图像识别。

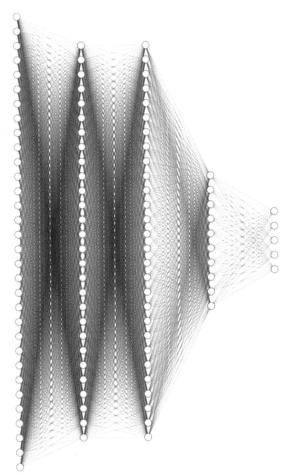

图 5-8　输入像素并不高的完全神经网络

5.7　知识准备 2

5.7.1　图像识别

图像识别是指利用计算机对图像进行处理、分析和理解，以识别各种不同模式的目标和对象的技术。现阶段图像识别技术一般分为人脸识别与商品识别，人脸识别主要运用在安全检查、身份核验与移动支付中；商品识别主要运用在商品流通过程中，特别是无人货架、智能零售柜等无人零售领域。

5.7.2 卷积神经网络（CNN）

卷积神经网络在图像识别领域有着极其重要的应用。想象一下，一幅图像是由像素在长宽两个方向组成的二维点阵，每个像素都可以通过一个数值来表示。但是每张彩色图片都由红、绿、蓝三种颜色的像素构成，每种颜色看作一层，彩色图片相当于是红、绿、蓝三种颜色的图片摞起来的效果，因此每张彩色图片需要有除长宽两个方向外的第三个维度来表达颜色。如果神经网络的每层按照如图 5-9 所示的三个维度组织：宽度、高度和深度，一层中的神经元不连接到下一层中的所有神经元，而仅连接到它的一小部分区域，最终的输出将被减少到一个沿着深度方向的概率值向量，这种形式的神经网络就是卷积神经网络（Convolutional Neural Networks，CNN）。

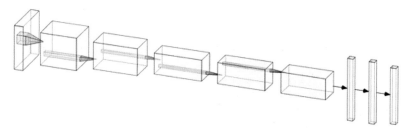

图 5-9 卷积神经网络示意图，左侧输入图片数据，右侧输出概率值向量

5.8 项目实战 2

5.8.1 项目期望

在这个任务中，我们要学习使用深度学习算法里的卷积神经网络来解决本章开头就提到的手写数字识别问题（见图 5-2）。

手写数字识别

试一试

- 使用"橙现智能"深度学习模块中的小部件并集合各自的帮助文档，尝试自己搭建手写数字识别工作流。

_____

_____

5.8.2 项目实施

5.8.2.1 建立工作流

打开"橙现智能"，找到"深度学习"模块（见图 5-10）。接着按照图 5-11 分别将"图片加载器""卷积神经网络学习器"和"模型训练与测试"小部件拖入页面，然后按照步骤依次进行工作流的连线与搭建。

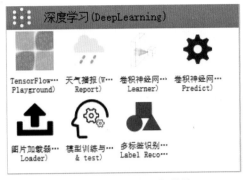

图 5-10　"深度学习"模块

图片加载器
(Imag Loader)

模型训练与测试
(train & test)

散点图（Scatter Plot）

卷积神经网络学习器
(CNN Learner)

图 5-11　图像识别工作流

注意，在"图片加载器"和"模型训练与测试"小部件之间建立连线的时候，需要按照图 5-12 所示通过拖曳方式添加两条连接线，分别用于训练数据和测试数据。

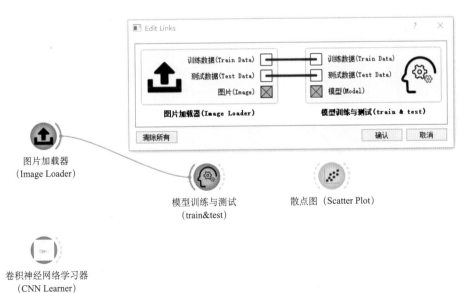

图 5-12　图片加载器连线图

按照步骤连接小部件，完整工作流如图 5-13 所示。

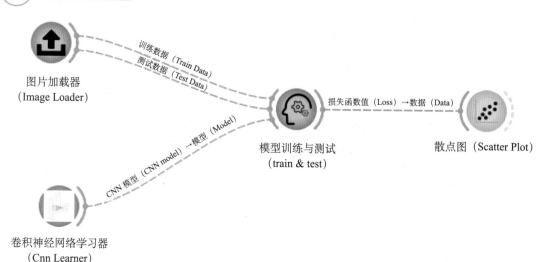

图片加载器
（Image Loader）

训练数据（Train Data）

测试数据（Test Data）

CNN 模型（CNN model）→模型（Model）

损失函数值（Loss）→数据（Data）

模型训练与测试
（train & test）

散点图（Scatter Plot）

卷积神经网络学习器
（Cnn Learner）

图 5-13　图像识别完整工作流

工作流已经建立，需要读入图像数据，并设置模型参数。

双击打开"图片加载器"，在图片文件夹右侧单击"浏览"按钮，找到"mnist_sample"数据集，如图 5-14 所示，单击"选择文件夹"按钮。

图 5-14　选择图像所在文件夹

如图 5-15 所示，单击"载入图片"按钮，加载"mnist_sample"数据集（或者"mnist"数据集，但是该数据集比较大，训练会花更多时间）。

设置模型参数。双击打开"卷积神经网络学习器"小部件，使用默认参数，如图 5-16 所示，单击"观察并输出模型"按钮，右侧主界面出现模型结构和参数。

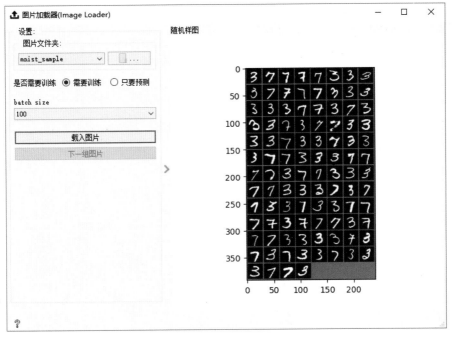

图 5-15　载入图片

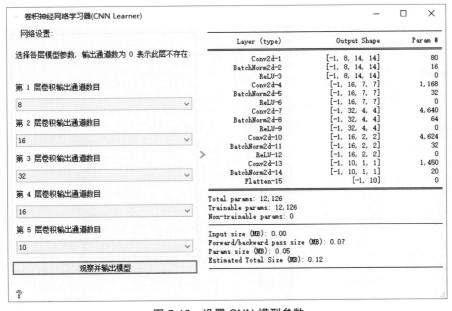

图 5-16　设置 CNN 模型参数

训练模型，双击打开"模型训练与测试"，保持默认设置，单击"开始训练"（见图 5-17（a））。

训练过程中，如图 5-17（b）所示，右下角会显示训练进度。等待一段时间，训练结束，显示测试数据集的准确率高达约 99.5%（见图 5-18）。

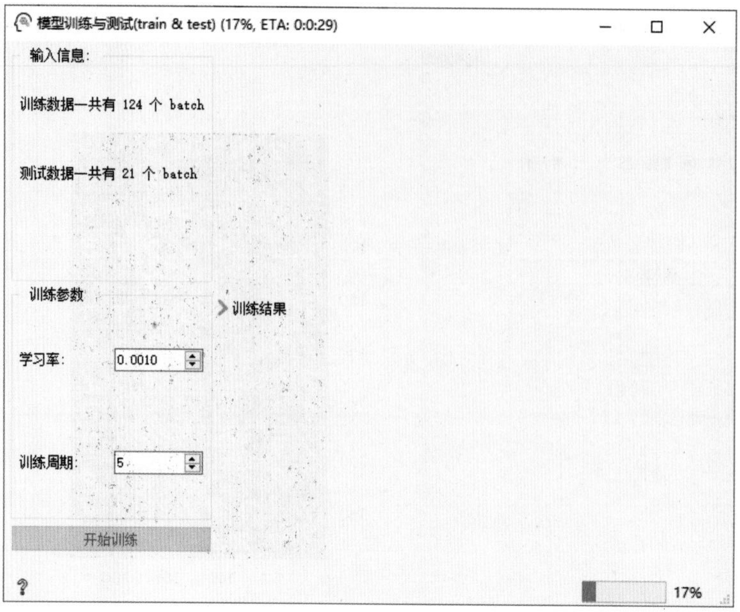

（a）

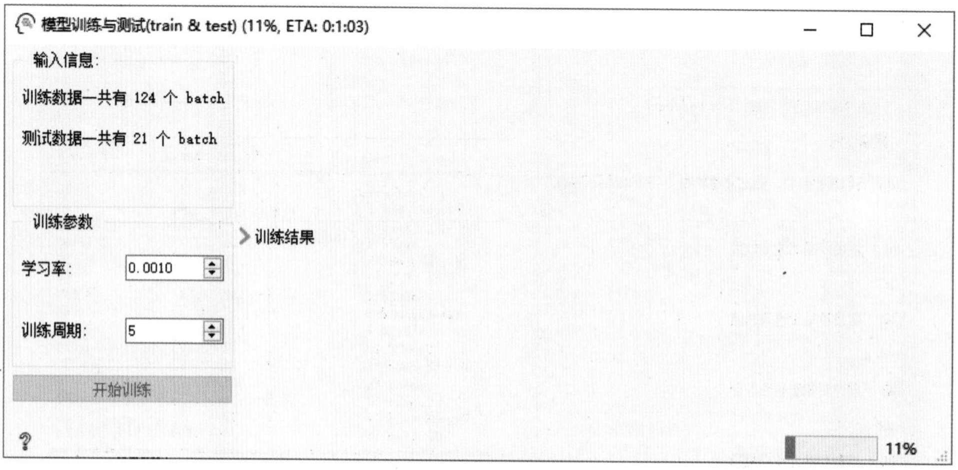

（b）

图 5-17　开始训练

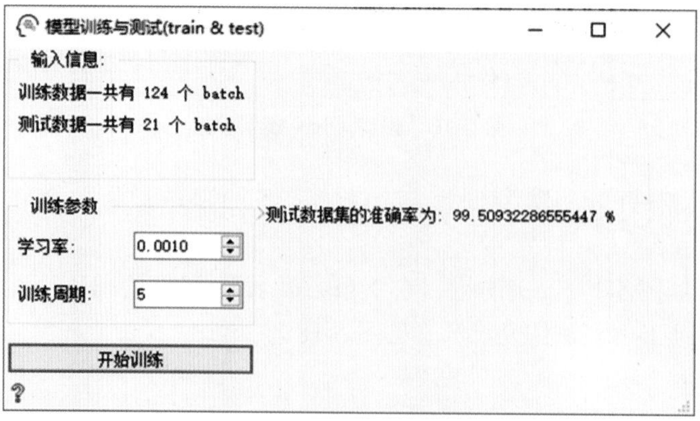

图 5-18　模型训练与测试

5.8.2.2 训练结果

训练结束后不仅可以查看显示测试数据集的准确率,还可以通过"散点图"小部件观察损失函数的变化情况(见图5-19)。通过散点图结果可以看出,通过不断训练,损失函数值不断变小。

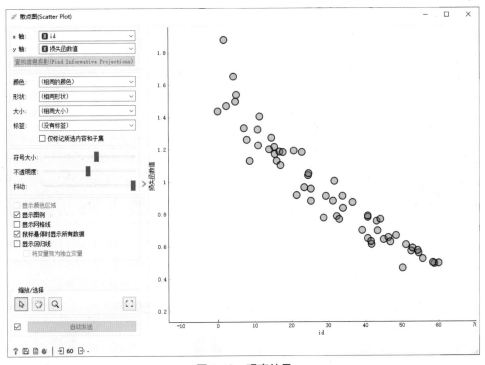

图 5-19　观察结果

注意:从这个案例可以发现,对于小规模且简单的数据集,我们用普通计算机也可以方便地尝试深度学习模型的训练。但是对于企业实际项目,需要专业的深度学习服务器才可以完成。

试一试

- 请读者自己尝试修改模型和训练参数,看一看有没有更好的效果。

5.9　深入分析 2

5.9.1　图像识别的特点

为了解决图像识别参数数量过多的问题,而且由于图像识别问题的特点,人们选择使用卷积神经网络。

深入分析

图像识别问题的第一个特点就是图像具有局部相关性。图像是由一个个像素点组成的，每个像素点与其周围的像素点是有关联的，如果把像素点打乱，图片就会完全不一样了。这说明我们不能随意打乱像素数据，因为它们都具有局部相关性。如图 5-20 所示，我们仅仅简单地打乱一个猫的图片，就很难分辨出这个图片了，就是因为图像具有局部相关性。

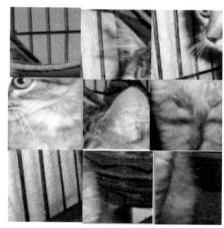

图 5-20　简单地打乱一个猫的图片

    其次，图像具有空间不变性，具体来说就是图像在有限位移、尺度、形状变化后，仍然可以分辨。例如，如图 5-21 所示这只猫，将图像拉伸后，仍然可以分辨出这是一只猫。

图 5-21　拉伸不影响分辨

5.9.2　使用卷积神经网络为什么有效

    抓住上述图像识别问题的特点，卷积神经网络保持了局部相关性和空间不变性，依靠权值共享，降低了模型参数数量，控制了模型复杂度。

    具体来说，卷积神经网络可以通过以下 4 个手段保持了局部相关性和空间不变性：

- 局部连接；
- 权值共享；
- 池化操作；
- 多层次结构。

    大家若对以上 4 个手段实现原理有兴趣的话，可自行到网络上搜索学习。

    如图 5-22 所示，卷积神经网络使用隐藏层进行特征提取，通过执行一系列的数学运算来检测特征。如果把斑马的照片输入卷积神经网络，随着层数增多，可以逐步识别其条纹、双耳和四条腿等高级的特征部分。

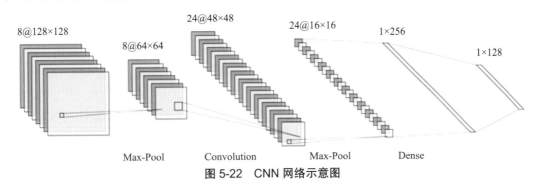

图 5-22　CNN 网络示意图

具体来说，如图 5-23 所示，浅层网络提取低层次的特征，如边缘、曲线等，随着网络深度加深，低层次的特征经过组合组成高层次的特征，如鼻子、嘴巴等，因此，深层网络能够识别出高层次的特征。

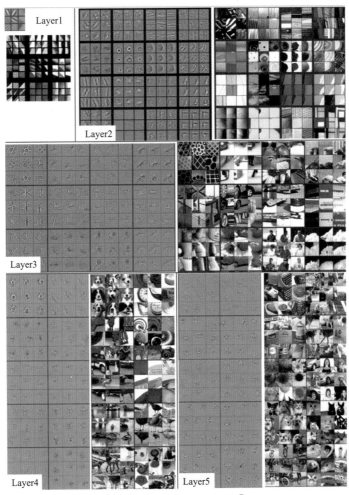

图 5-23　CNN 学了什么 [1]

①　Zeiler, Matthew D., Rob Fergus. "Visualizing and understanding convolutional networks." European conference on computer vision. Springer, Cham, 2014.

5.10   知识准备 3

随着越来越多的深度学习应用场景的出现，人们不可避免地会去想，如何利用已训练的模型去完成相类似的任务，毕竟重新训练一个优秀的模型需要耗费大量的时间和算力，而如果能站在前人的"肩膀"上，显然更容易取得成功。人们普遍采用迁移学习来完成这个目标。

迁移学习（Transfer Learning）顾名思义就是将训练好的模型（预训练模型）参数迁移到新的模型来优化新模型训练。因为大部分的数据和任务都是存在相关性的，所以我们可以通过迁移学习将预训练模型的参数（也可理解为预训练模型学到的知识）通过某种方式迁移到新模型，进而加快并优化模型的学习效率。

5.11   项目实战 3

5.11.1   项目期望

在这个任务中，我们要学习使用"橙现智能"实现两个人脸图像的对比，以判别是否是同一个人。

想一想

● 人脸图像对比在现实生活中有哪些实际应用？

_____

_____

5.11.2   项目实施

注：本项目需要使用"商汤教育"插件，此插件所用的商汤教育服务为商汤公司收费服务项目，如需使用可向商汤公司购买该服务。

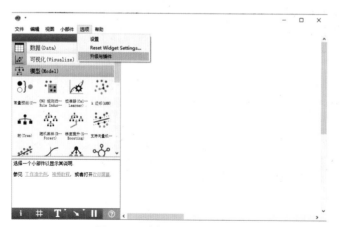

图 5-24   选择"升级与插件"

5.11.2.1   安装插件

打开"橙现智能"，单击"选项"选项卡中的"升级与插件"（见图 5-24）。

在打开的"插件"对话框中，找到并选中"Shangtang"插件，如图 5-25 所示，单击"OK"按钮。

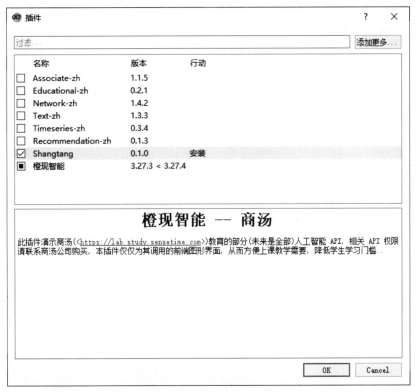

图 5-25 选择"Shangtang"插件

此时，软件自动安装"Shangtang"插件后提示关闭软件，如图 5-26 所示，单击"OK"按钮即可。此时，插件安装完毕。

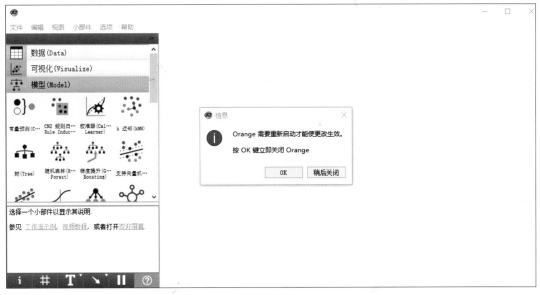

图 5-26 提示信息

5.11.2.2 建立工作流

再次打开"橙现智能"，找到"商汤教育"模块中的"人脸对比"小部件（见图 5-27）。

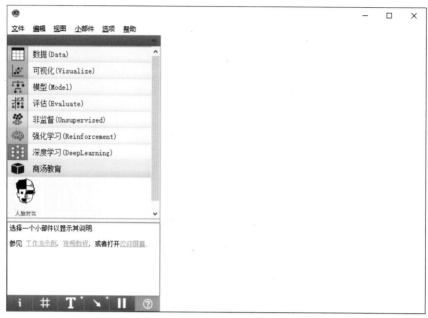

图 5-27 "深度学习"模块

按照如图 5-28 所示的完整工作流分别将两个"图片加载器"和"人脸对比"小部件拖入页面，根据图 5-28 所示的连线依次搭建人脸对比的完整工作流。其中，当连接"图片加载器"和"人脸对比"小部件时，图片和图片路径可以按照默认路径选择，如图 5-29 所示，单击"确认"按钮即可。

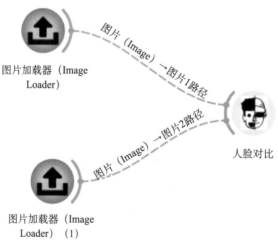

图 5-28　图像识别小部件

图 5-29　连接路径选择

至此工作流已经建立，需要读入两张图像数据，并设置模型参数。

双击打开"图片加载器"，在图片文件夹右侧单击浏览按钮，双击找到"Person1"人脸图像所在文件夹，如图 5-30 所示，单击下方的"选择文件夹"按钮。

图 5-30　选择图像所在文件夹

设置"图片加载器"参数，如图 5-31 所示，选择"只要预测"复选项后，单击"载入图片"按钮，加载第一张人脸图像。

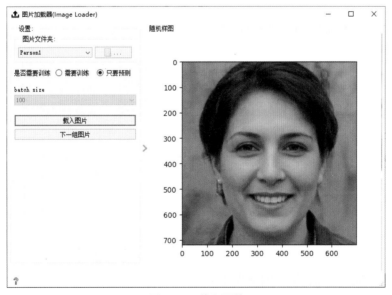

图 5-31　载入图片

执行同样的操作过程，加载"Person2"文件夹中的人脸图像。

设置模型参数。双击打开"人脸对比"小部件，参数设置如图 5-32 所示，需要选择所在院校，请根据实际情况选择所在院校。比如，深圳信息职业技术学院师生可以选择"深圳信息职业技术学院"，其他单位或者个人请选择"其他"。此外，如图 5-32 所示，使用"人脸对比"小部件还需要一对秘钥，包括 AccessKeyId 和 AccessKeySecret，按照下面的步骤获取密钥。

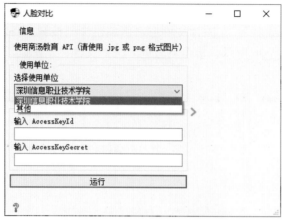

图 5-32 "人脸对比"模型参数

5.11.2.3 注册并获取平台秘钥

登录平台(深圳信息职业技术学院:https://172.16.100.106,其他:https://lab.study.sensetime.com/),如果没有账号的话,则可以首先进行注册。登录之后,进入 AI 开放平台,API 密钥管理界面如图 5-33 所示,单击页面上方"AI 密钥管理"。进入新的界面即可获取账户的 AccessKeyId 和 AccessKeySecret(见图 5-34)。通过单击 AccessKeyId 和 AccessKeySecret 后面的复制图标可复制密钥信息。现在已经获取密钥信息,以供"人脸对比"小部件使用。

5.11.2.4 结果查看

将上述获取的密钥对输入"人脸对比"小部件相应位置,当所有参数设置后,如图 5-35 所示,单击"运行"按钮。等待一段时间,人脸对比结果将显示在右侧界面,根据比对结果可以判断两张图片是否是同一个人。双击两个"图片加载器"加载两张图片,很显然,两张图片不是同一个人,工作流能够较好地对比出两张图片是否是同一个人。

图 5-33 API 密钥管理界面

图 5-34　AccessKeyId 和 AccessKeySecret 的获取

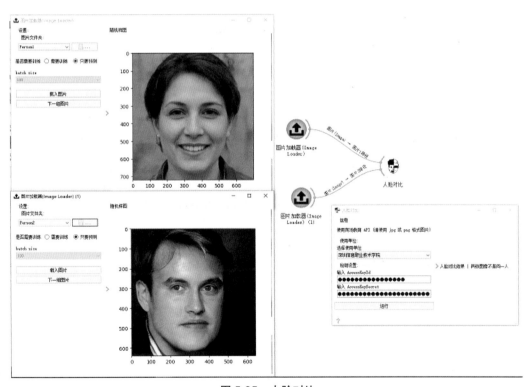

图 5-35　人脸对比

想一想

● 以上人脸对比模型进行对比时背后到底发生了什么呢？

5.12   深入分析 3

这里介绍几个著名的卷积神经网络模型，以上项目很可能就是基于这些模型中的某个模型做的迁移学习。

5.12.1   LeNet-5

LeNet-5 是 Yann LeCun 在 1998 年设计的用于手写数字识别的卷积神经网络，当年美国大多数银行就是用它来识别支票上面的手写数字的，它是早期卷积神经网络中最有代表性的实验系统之一。

LeNet-5 共有 7 层（不包括输入层），每层都包含不同数量的训练参数，如图 5-36 所示。

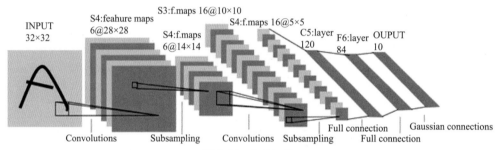

图 5-36   LeNet-5

然而，由于当时缺乏大规模训练数据，计算机的计算能力也跟不上，而且网络结构相对过于简单，LeNet-5 对于复杂问题的处理结果并不理想。

5.12.2   AlexNet

AlexNet（见图 5-37）于 2012 年由 Alex Krizhevsky、Ilya Sutskever 和 Geoffrey Hinton 等人提出，并在 2012 ILSVRC（ImageNet Large-Scale Visual Recognition Challenge）中取得了最佳的成绩。这也是 CNN 第一次取得这么好的成绩，并且把第二名（SVM）远远地甩在了后面，因此震惊了整个领域，从此 CNN 网络才开始被大众所熟知。

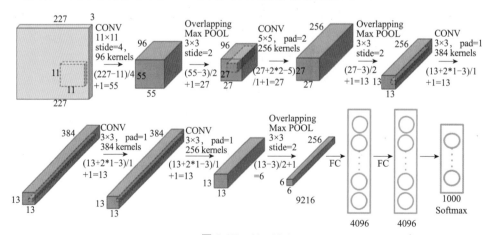

图 5-37   AlexNet

AlexNet 是深度总共只有 8 层的网络结构，包括了 5 个卷积层和 3 个全连接层组成，如图 5-37 所示。

AlexNet 证明了 CNN 在复杂模型下的有效性，而且证明了使用 GPU 实现使得训练在可接受的时间范围内得到结果。

5.12.3 VggNet

这个网络于 2014 年被牛津大学的 Karen Simonyan 和 Andrew Zisserman 提出，主要特点是 "简洁，有深度"。有深度，是因为 VggNet 有 19 层，远远超过了它的前辈；而简洁，则是在于它的结构上，一律采用步幅为 1 的 3 × 3 滤波器，以及步幅为 2 的 2 × 2 最大池化。

VggNet 一共有 6 种不同的网络结构，但是每种结构都含有 5 组卷积，每组卷积都使用 3×3 的卷积核，每组卷积后进行一个 2×2 最大池化，接下来是 3 个全连接层。在训练高级别的网络时，可以先训练低级别的网络，用前者获得的权重初始化高级别的网络，可以加速网络的收敛。

如图 5-38 所示，网络结构 D 就是著名的 VGG16，网络结构 E 就是著名的 VGG19。

ConvNet Configuration					
A	A-LRN	B	C	D	E
11 weight layers	11 weight layers	13 weight layers	16 weight layers	16 weight layers	19 weight layers
input (224 × 224 RGB image)					
conv3-64	conv3-64 **LRN**	conv3-64 **conv3-64**	conv3-64 conv3-64	conv3-64 conv3-64	conv3-64 conv3-64
maxpool					
conv3-128	conv3-128	conv3-128 **conv3-128**	conv3-128 conv3-128	conv3-128 conv3-128	conv3-128 conv3-128
maxpool					
conv3-256 conv3-256	conv3-256 conv3-256	conv3-256 conv3-256	conv3-256 conv3-256 **conv1-256**	conv3-256 conv3-256 **conv3-256**	conv3-256 conv3-256 conv3-256 **conv3-256**
maxpool					
conv3-512 conv3-512	conv3-512 conv3-512	conv3-512 conv3-512	conv3-512 conv3-512 **conv1-512**	conv3-512 conv3-512 **conv3-512**	conv3-512 conv3-512 conv3-512 **conv3-512**
maxpool					
conv3-512 conv3-512	conv3-512 conv3-512	conv3-512 conv3-512	conv3-512 conv3-512 **conv1-512**	conv3-512 conv3-512 **conv3-512**	conv3-512 conv3-512 conv3-512 **conv3-512**
maxpool					
FC-4096					
FC-4096					
FC-1000					
soft-max					

图 5-38　VggNet

5.12.4 GoogLeNet

GoogLeNet 是 2014 年 Christian Szegedy 提出的一种全新的深度学习结构，在这之前的 AlexNet、VggNet 等结构都是通过增大网络的深度（层数）来获得更好的训练效果的，但层数的增加会带来很多负作用，如过拟合、梯度消失、梯度爆炸等。GoogLeNet 的提出则从另一种角度来提升训练结果：它能更高效地利用计算资源，在相同的计算量下能提取到更多的特征，从而提升训练结果（见图 5-39）。

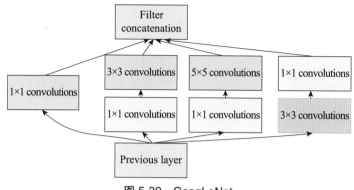

图 5-39　GoogLeNet

　　小知识：过拟合是指模型训练的时候表现得很好，但是在测试的时候表现一般，也就是说模型对没有见过的数据进行预测能力不强或者较差。有关梯度消失、梯度爆炸的相关知识，大家若有兴趣请自行搜索进行了解。

5.12.5　ResNet

　　ResNet 于 2015 年由微软亚洲研究院的学者们提出。CNN 面临的一个问题就是，随着层数的增加，CNN 的效果会遇到瓶颈，甚至会不增反降。这往往是梯度爆炸或者梯度消失引起的。ResNet 就是为了解决这个问题而提出的，因而能帮助我们训练更深的网络。如图 5-40 所示，它引入了一个残差块来解决上述问题。

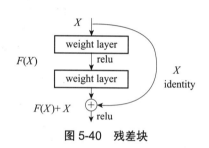

图 5-40　残差块

5.13　本章项目实训

　　实训引入

　　我们已经知道了如何搭建自己的手写数字识别工作流，下面测试一下我们的模型，看看能不能完成你自己的手写数字识别。

　　实训目的

　　（1）掌握深度学习任务的基本流程。

　　（2）熟悉深度学习需要调试的参数。

　　（3）掌握深度学习模型调试的基本方法。

　　实训内容

　　请在下面的空白处手写数字 3 或者 7，然后拍照上传到计算机，保存为图像文件，如图 5-41 所示。

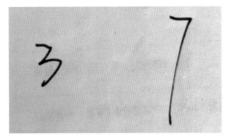

图 5-41　手写数字

保存每个数字为一个图像文件（见图 5-42）。

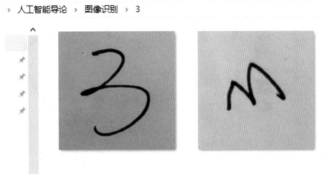

图 5-42　数字图像文件夹

在我们的工作流中再拖入一个"图片加载器"和"卷积神经网络预测（CNN Predict）"小部件，搭建新的工作流，如图 5-43 所示。

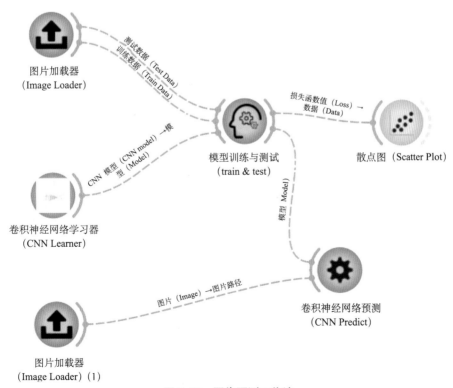

图 5-43　图像预测工作流

双击新加入的"图片加载器",找到刚刚手写数字保存的图片文件夹,选择"只要预测"复选项后,单击"载入图片"按钮(图 5-44)。

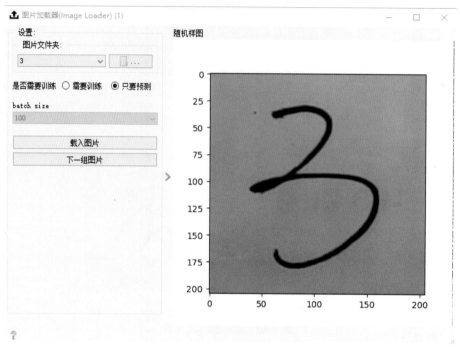

图 5-44　载入待预测手写图片

双击"卷积神经网络预测"小部件,可以查看预测结果(见图 5-45),根据预测结果可以看出结果是正确的(或者错误的)。

图 5-45　预测结果

想一想

模型对我们自己的数据表现可能会较差,想一想为什么。

实训步骤

(1)搭建此工作流。
(2)调试"卷积神经网络学习器"的训练参数。
(3)调试"模型训练与测试"小部件的模型参数。

实训报告要求

详细描述项目实训的过程及结果。

5.14　本章小结

本章以逻辑回归为起点，引入神经网络。本章的重点是神经网络在深度学习领域的应用，如图像识别中的应用。通过卷积神经网络的学习，读者能够大致理解其原理，可以调用人工智能相关企业的人工智能开发接口进行简单的图像识别应用。读者能够理解各个技术在本领域的作用，建立大致的知识体系。

5.15　本章课后练习

（1）生活中有哪些图像识别的例子？
（2）为什么使用卷积神经网络做图像识别？
（3）深度学习和逻辑回归有什么关系？
（4）在"橙现智能"中调节参数，训练出更好的 MNIST 模型。

6 自然语言处理

6.1　问题描述

小明来到学校以后，不仅学习各种知识和技术，还在图书馆做勤工俭学。最近，图书馆购进了一批新书，图书馆按照标准的图书分类对图书进行了分类（见图 6-1）。小明想，有没有什么方法可以实现更智能的自动图书分类呢？这个工作需要用到什么技术呢？小明通过查阅资料，发现可以使用自然语言处理技术。

问题引导

图 6-1　图书分类

6.2　学习目标

知识目标

◆ 了解自然语言处理的含义

◆ 理解自然语言数字化的基本方法

◆ 了解神经网络在自然语言处理中的作用

自然语言处理

技能目标

◆ 能够使用"橙现智能"搭建基本的词袋模型工作流
◆ 能够使用词云等可视化方法观察数据
◆ 能够完成作业抄袭的判断项目
◆ 能够使用"橙现智能"搭建图书分类工作流

6.3 项目引导

6.3.1 问题引导

假设有一句话:"小明和同学们经常乘地铁去动物园观看动物,去植物园观赏植物。"你可以如何将这句话转变为数字,以方便计算机处理呢?

(1)大家分组讨论一下将上面的句子数字化的方式。

_____

_____

(2)假设有一个非常大而全的字典,我们可以按照每个字在字典中的出现顺序,将上面的句子转变为数字吗?尝试用新华字典或者其他什么字典试一试吧。

_____

_____

(3)如果按照字来分割句子,如"小明和同学们"分割为"小""明""和""同""学""们",则并不能很好地表达这段话的意义,所以我们常常会按照词来分割句子。比如,分为"小明""和""同学""们",这样就可以更好地反映这段话的真实含义。尝试将本小节示例句子分割为各个词的组合。

_____

_____

(4)你将如何数字化按照词分割之后的句子呢?

_____

_____

(5)你的数字化方法能反映出词的词义关系吗?例如,"动物"和"植物"的关系应该比二者与"地铁"的关系近,甚至是否有可能反映出"动物园"—"动物"="植物园"—"植物"这种潜在的含义。

_____

_____

6.3.2 初步分析

小明想要研究如何处理我们日常使用的语言（如汉语）的问题，却被如何将我们的语言转变为计算机能理解的数字难住了。小明想得头脑都要爆炸了，实在想不出来。他想自己入学这么久了，还没在学校旁边转转，干脆出门散散心，没准就有灵感了呢。

由于对附近不熟，他打开了某地图应用，看到"深圳信息职业技术学院"旁边有"香港中文大学""深圳北理莫斯科大学"和"深圳大运中心体育馆"等，还发现这些地点都有对应的经纬度，如（22,114）。突然，小明想，地图可以将一个地名转变为对应的经纬度数字表示，我们可以用类似方法建立一个语言地图，实现我们日常语言转换为语言地图上的坐标吗？这样是不是就可以实现语言到数字的转变了呢？

想一想

- 假设每个词都可以在地图上找到对应的位置，你如何将每个词数字化呢？这些数字化后的词可以比较词义关系吗？

6.4　知识准备

6.4.1　自然语言处理是什么

自然语言处理都可以做什么呢？ 2018 年的时候，谷歌公司展示了一个智能语音助理帮助打电话预约理发的例子。这个例子中，智能语音助理以近似真人的程度与理发店人员通话，展示了自然语言处理技术已经可以"理解"人类的语言，并在此理解之上，生成新的对话内容，从而完成预定目标。

知识准备

其实，我们常用的各种在线翻译、购物 App 的智能客服等，都用到了自然语言处理技术。

自然语言处理能实现人与计算机之间用自然语言进行有效通信，是一门融语言学、计算机科学、数学于一体的科学。这一领域的研究涉及自然语言，即人们日常使用的语言。它与语言学的研究有着密切的联系，但又有重要的区别。它包括很多的内容，如语义分析、信息抽取、机器翻译等。其主要难点有单词之间的分界的确定、词义的消歧、句法的模糊性和有瑕疵的或不规范的输入等。

6.4.2　机器如何理解自然语言

为了让计算机处理自然语言，我们自然要让计算机能够看懂自然语言。例如，做图像处理时，图像像素本身就是以数字化存在的，而且数字的大小有明确的意义，如 [0, 0, 0] 表示黑色，而 [255, 255, 255] 表示白色。但是我们的语言怎么数字化呢？有读者可能说使用 Unicode。

但是语言是有意义的，同时还存在同义词等现象，我们如何使用数字化的方法表达这类问题呢？我们可以将自然语言表达为数字信号，而且通过这些数字信号看出语义联系等语言特征吗？

一个解决方法就是词嵌入（Word Embedding），即将词映射到一个向量空间，也就是将词嵌入另一个便于计算的空间。

嘿！等等，什么是向量？什么是空间？嵌入是什么？我们换一个地图场景来认识这个问题。现在有一些地名，如"深圳信息职业技术学院""香港中文大学""深圳北理莫斯科大学""深圳大运中心体育馆"等。它们都在哪里呢？我们可以在地图上找到它们。为什么可以在地图上找到它们呢？因为这些地名在我们人类看来是各个字符，在地图看来就是经纬度坐标：（经度，纬度）。这个"（经度，纬度）"形式存在的坐标就是一种"向量"。将地图看成一个二维"空间"，将各个地名字符对应到各自的坐标，这个对应的过程就是将各个地名的字符"嵌入"地图的二维空间。

类似地，我们想为每一个词设置一个坐标，这样就可以在"高维词语地图"上方便地找到各个词语了。这个过程其实就是词嵌入。假如我们的世界只有"猫""你""树"三个词，我们就可以如图 6-2 所示将这三个词映射到三维空间中。现在的问题就变成了——怎么做词嵌入呢？

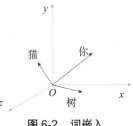

图 6-2　词嵌入

6.4.3　一个数字代表一个词（独热编码）

设想最简单的词嵌入表达方法，我们用自然数对应各个词。例如，要把英文数字化，假设从"a"到"zoom"有 100 个词，如图 6-3 所示，就用 1 代表"a"，2 代表"abbreviation"，一直到 100 代表"zoom"。

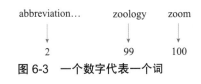

图 6-3　一个数字代表一个词

在计算机中，为了使用方便，会将这些数字以另外一种形式存储。例如，在上面的英文数字化例子中，设计一个长度为 100 的由 0 或者 1 组成的数字串（向量），此数字串（向量）只有一个位置为 1，其他 99 个位置全是 0。若将 1 看作"热"，0 看作"冷"，则

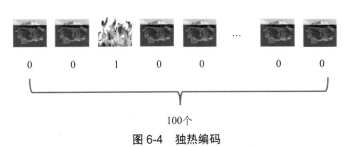

100个

图 6-4　独热编码

这个向量只有一个位置"热"，所以叫作独热编码（见图 6-4）。"a"用 1 表示，独热编码后就是只有第一个位置为 1；"abbreviation"用 2 表示，独热编码后就是第 2 个位置为 1；"zoom"用 100 表示，独热编码后就是第 100 个位置为 1（见图 6-5）。

想一想

● 此模型可以分辨词与词之间的关系吗？

设想有一个小动物园，有三种动物：狮子、老虎、斑马，如果采用独热编码，这三种动物就可以分别编码为（0, 0, 1），（0, 1, 0）和（1, 0, 0）这样的向量。这三个向量如果放在一个三维空间中，就是如图6-6所示的样子。凭我们对动物的了解，狮子和老虎都是食肉动物，关系应该比跟斑马要近吧，但是从图6-6中，我们看不出谁跟谁关系更近。这说明目前的独热编码无法解决词义关联的问题，我们需要某种方法，能告诉我们一个词和另一个词的关系有多远或者多近。

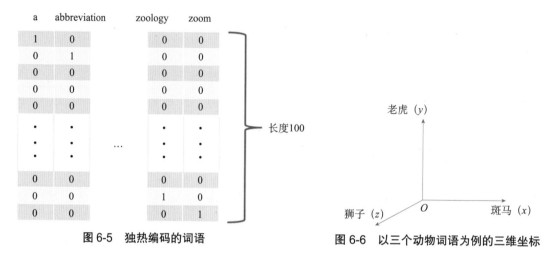

图 6-5　独热编码的词语

图 6-6　以三个动物词语为例的三维坐标

6.4.4　词袋模型

要解决词与词之间的关系问题并不是很容易，如果只比较一段文本和另一段文本的关系呢？

人们想出了另外一个简单的方法，词袋（Bag of Words，BoW）模型。词袋模型将文本看成一个袋子（称为词袋），里面装了多个词，而且这些词装入词袋的时候不需要关心词在句子（词袋）中的顺序（见图6-7），然后将这个袋子用 {词：词出现的次数} 的形式表达。对于"学习方法对学习很重要"这句话来说，我们就可以转化成：{学习：2，方法：1，对：1，很：1，重要：1}。如果我们分析的世界仅仅只有这几个词，我们可以将这个袋子转为一个对应各个词的向量：(2, 1, 1, 1, 1)。

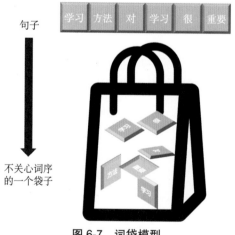

图 6-7　词袋模型

> **注意：** 处理中文的时候常常都要分词，即不是按照字来处理的。比如上面这句话分词之后应该是"学习""方法""对""很""重要"几个词的组合。英文分词相对简单，比如最简单的可以根据空格分词，将一句话分为各个单词。

想一想

● 此模型可以分辨词与词之间的关系吗？

_____

_____

● 此模型可以分辨句子之间的关系吗？

_____

_____

使用词袋模型后，各个句子之间的近似程度就可以通过计算句子向量之间的距离来衡量。就像在图 6-2 所示这个地图上，我们可以通过经纬度计算出各个地点的距离，而且可以通过计算发现"深圳信息职业技术学院"到"深圳北理莫斯科大学"比到"深圳大运中心体育馆"更近。类似方法，有了另外一个句子"学习很重要"，可以先将它向量化为 (1, 0, 0, 1, 1)，然后通过比较它们的距离来比较近似程度。

词袋模型虽然可以比较句子的近似程度，但是它是对句子的向量化，并不是对词的向量化，所以并没有解决词向量的问题，更没有办法比较词之间的关系程度了。计算机仍然没有真正地"理解"我们人类的语言。

6.5　项目实战 1

6.5.1　项目期望

防止学生作业抄袭常常是老师们的一项劳神劳力的工作，自然语言处理可以帮到老师吗？本项目我们使用词袋进行学生作业查重。

作业查重

想一想

你如何判断作业是否有抄袭?

6.5.2　项目实施

6.5.2.1　数据说明

此数据集来自作者教授的《HTML5 实战》课程的学生作业，此作业要求学生分析一个

项目的功能并写出伪代码。我们这里的目的是使用自然语言处理的词袋模型，找出哪些学生作业有互相抄袭的可能。

6.5.2.2　开始动手

1）安装自然语言处理插件

如果下载的是 Orange3-3.27（已安装大量插件）.rar 版本，则这部分可以忽略。

首先，安装"橙现智能"自然语言处理插件，单击"选项"菜单下的"升级与插件"，在打开的对话框中选择"Text-zh"，然后单击"OK"按钮开始安装（图 6-8）。

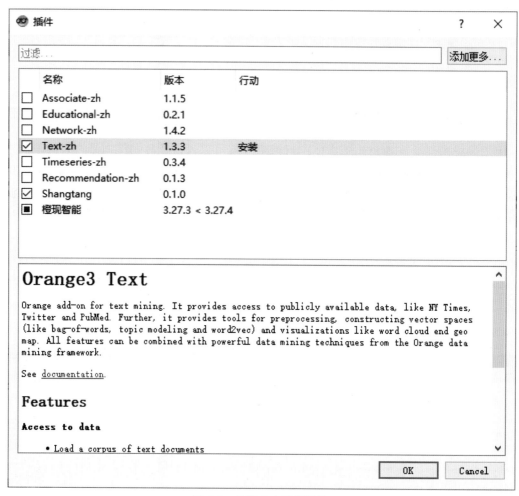

图 6-8　安装文本挖掘插件

此插件较大，根据网络环境的不同安装需要较长时间。安装完成之后，我们就可以在左侧看到"文本挖掘"功能（图 6-9）。我们还需要将"nltk_data"数据放入对应的文件夹，对于 Windows 系统放入解压后的 Orange 文件夹即可（此文件夹位置可以通过右击"橙现智能"快捷方式图标，在"目标"中找到，具体位置见图 6-10）。对于 Mac 系统，则可以放在"用户名 /Library/Application Support/Orange/"目录下。

图 6-9 添加了文本发掘插件

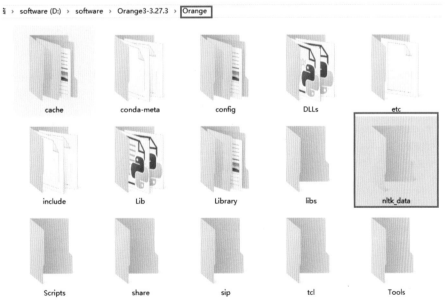

图 6-10 数据文件夹位置

2）搭建工作流

打开"橙现智能"提供的"作业抄袭"工作流，或者自己建立（图 6-11）。

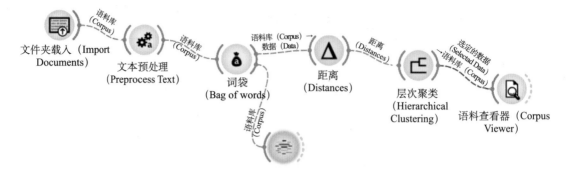

图 6-11　词袋工作流

3）导入语料

第一步，使用"文件夹载入"小部件导入"作业"
文件夹（图 6-12）。

4）分词

不管是英文还是中文，在将文本向量化之前都要先
分词。这里使用"文本预处理"小部件，设置如图 6-13
所示。在左侧"预处理器（Preprocessers）"栏中双击其
中某个预处理器，就可以将其加载到右侧的处理列表中。

图 6-12　导入语料

首先双击"分词"部分，因为我们处理的是中文文本，所以需要使用中文分词，这里选择并
使用"结巴中文分词"。双击"N-grams 范围"，设置范围为 1 到 2。N-grams 是做什么的呢？
比如一句话："我今天要上课"，分词之后可能成为"我 今天 要 上课"，如果设置范围仅为
1，那么我们最终输出的结果就是 ["我""今天""要""上课"]，与分词结果一样。如果范
围设置为 2，那么我们最终输出的结果就是 ["我 今天""今天 要""要 上课"]，其实就是将
相近的词两两组合。如果范围为 1 到 2，输出的就是范围 1 与范围 2 的结果的组合，也就是
["我""今天""要""上课""我 今天""今天 要""要 上课"]。范围为 2 的 N-grams 可以帮助
我们捕捉更多的信息。

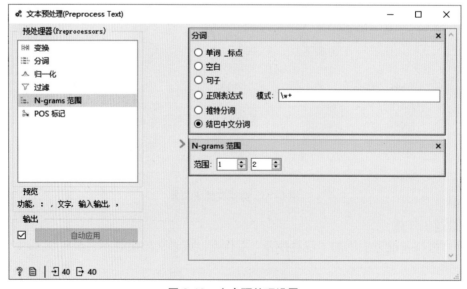

图 6-13　文本预处理设置

5）设置词袋

根据词袋按照 {词：词出现的次数} 的形式表达，也就是统计个数，这里我们设置词频为"个数（Count）"即可（图 6-14）。

图 6-14 设置词袋

6.5.3 查看结果

1）查看词云

我们可以使用"词云"小部件来查看结果。可以看到词的显示大小根据词出现的次数不同而不同，如图 6-15 所示。

图 6-15 词云观察

2）查看抄袭

有了每个作业的词袋之后，我们就可以得到每个作业的向量表示了。两个向量越接近，两个作业就越相近，就越有可能是互相抄袭的。通过"层次聚类"小部件能够更为直观地查看两个向量的接近程度，如图 6-16 所示，"层次聚类"小部件两条线构成的蓝色实心柱子长度越小，距离就越近，比如我们选择了图 6-17 中的一个小柱子，对应地在图 6-17 所示的"语料查看器"中，可以查看这两个作业是否真的相近。

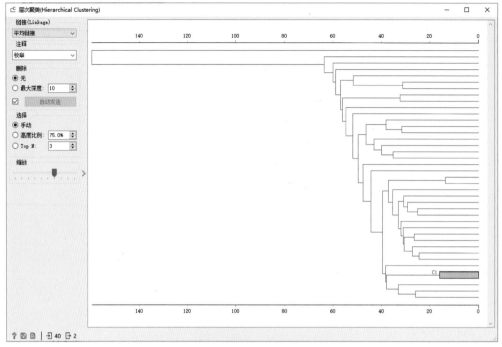

图 6-16　在层次聚类中寻找距离最近的向量

图 6-17　语料查看器查看

其中一个作业的第一段如下：

"任务清单：

做什么？任务清单网页应用，通过在清单栏输入内容，添加任务，通过在筛选任务栏中输入关键字进行筛选，可以逐个删除任务，也可以点击删除任务全部删除。"

另一个作业的第一段如下：

"任务清单：

任务清单网页应用，通过在清单栏输入内容，添加任务，通过在筛选任务栏中输入关键字进行筛选，可以逐个删除任务，也可以点击删除任务全部删除。"

两份作业基本相同，可以断定为抄袭。大家可以试试图 6-17 中其他较短的柱子，看看是否可能是抄袭的。

6.6 深入分析 1

6.6.1 神经网络语言模型

深入分析

不管是独热编码还是词袋模型，都有不少问题。比如向量是不是有点太大了？看不出词的关系也不好吧？就像前面例子"狮子老虎斑马"，我们可以将"狮子""老虎"归类到食肉动物，"斑马"归类到食草动物。我们是否可以沿着这个思路，手动给词分类呢？但是手工分类会不会导致人的工作量太大了？说好的人工智能呢？神经网络语言模型（Neural Network Language Model，NNLM）出来救场了。它可以采用 Word2Vec 等词嵌入方法，很好地捕获每个词的意义。这些方法相对之前的方法很好地表达了自然语言。比如，如图 6-18 所示，它们可以正确地找到"巴黎-法国"与"北京-中国"的共同点，前者均为后者的首都，因为二者的词向量表示有""。从这个角度看，词向量代表了语义，距离的长短代表了语义关系的远近。

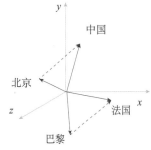

图 6-18　词向量关系

6.6.2 一词多义

虽然 Word2Vec 等方法看起来十分优秀，但是在实际工作中并没有表现得十分出色。这是为什么呢？主要就是一词多义的问题。比如中文的"背"字，观察图 6-19，可以发现其造字本意为人的背部，根据这个本意，引申出了其他各种意义。而且可以看出这些意义之间是有联系的，所以我们可以想象"背"的本意词向量为 v，每种引申义相当于在本意的基础上添加了其他一些附加的意义，即有一个 Δv 向量加了进来。如果这样的话，那我们是否可以训练出某个词的本意 v，然后根据上下文使用 Δv 做调整呢？

沿着这个思路，我们可以得到 ELMo，即 Embedding from Language Models。ELMo 可以在实际使用中根据上下文动态调整词的向量表示（即语义）。

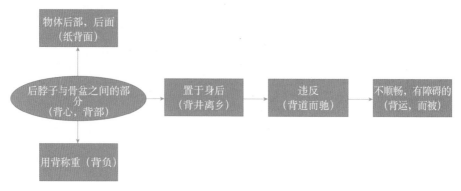

图 6-19　多义词

ELMo 使用 LSTM 提取特征，那么什么是提取特征？ LSTM 又是什么呢？

6.6.2.1　特征提取

语言数字化为向量之后怎么用呢？所有向量作为特征输入某个模型吗？就像在图像识别中，我们很难将成千上万的向量输入模型中直接运算，而是先采用卷积神经网络（Convolutional Neural Networks，CNN，特征提取的一种方法）提取出特征，然后根据这些特征计算结果。这样下一个问题就是如何将词的特征提取出来。

6.6.2.2　长短期记忆网络 LSTM

提取词向量特征的一个重要的结构就是循环神经网络（Recurrent Neural Network，RNN）。从图 6-20 可以看出，每一个输出不仅与当前输入有关，还和前面的输出有关。

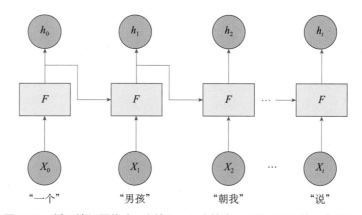

图 6-20　循环神经网络（ x 为输入，h 为输出，F 为 RNN 的一个单元）

但是某个词义不仅仅和前面一个词有关，它还取决于或近或远的其他词，就是要求网络不仅仅能记住附近有什么词，还要能够记住较远的词，所以产生了一种特殊的 RNN 网络，即：长短期记忆网络（Long Short Term Memory Networks，LSTM）。如果结合多层 LSTM（图 6-21），那么其能力还将继续提高。

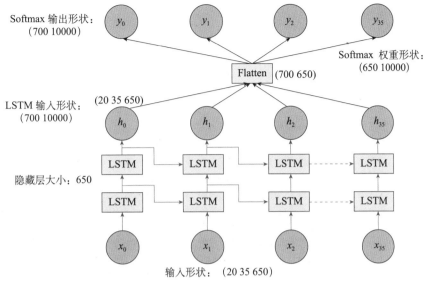

图 6-21 双层 LSTM 网络

6.6.2.3 Transformer

长短期记忆网络 LSTM 在处理长句方面不太理想，而且其并行计算的能力有限，那么有没有办法解决这些问题呢？这个办法就是 Transformer，它是谷歌在 2017 年做机器翻译任务的"Attention is all you need"论文中提出的。其中使用了 Attention，即注意力机制。我们人类在看一段话的时候，不可能将每个词都赋予同样的重要性，肯定是有一些比较重要，那就更"注意"这些词。注意力机制即仿照我们人类的注意力，将每句话中的不同词赋予不同的注意力权重，而且并行执行。这就解决了 LSTM 的处理长句方面不太理想和并行计算能力有限这两个问题。2018 年出现的 BERT（Bidirectional Encoder Representations from Transformers）即在 ELMo 和 Transformer 基础上，进一步提高了自然语言处理（NLP）在各个任务中的表现。

注：使用卷积神经网络（CNN）也可以实现特征提取，也就是说 CNN 也可以应用在自然语言处理任务中。

6.7　项目实战 2

6.7.1　项目期望

小明已经学习了自然语言处理技术，他能更轻松地完成图书馆图书的分类任务吗？我们来试试。

6.7.2 项目实施

6.7.2.1 数据说明

如图 6-22 所示的数据包括"书名"与其对应的"简介",小明想要根据这些信息对图书进行分类,减轻工作负担。

书名 True	简介
24个比利	1977年,美国俄亥俄州连续强暴案嫌犯比利·米利根被警方逮捕,但是他对自己犯下的罪行居然…
From Voting …	"冷战"结束后,人们信心满满地宣称促进民主的传播能带来稳定与和平,然而战火和冲突、流…
OKR工作法	《OKR工作法》讲述了一种风靡硅谷科技企业的全新工作模式。\n如何激励不同的团队一起工…
阿甘正传	阿甘是常人眼中的弱智和白痴,但他天性善良单纯,加上天赋异禀,使他先后成为大学美式足…
爱丽丝梦游…	《爱丽丝梦游仙境》包括刘易斯·卡罗尔的两本久负盛名的经典童书《爱丽丝奇境历险记》和《…
爱你就像爱…	王小波书信均选自朝华出版社2004年4月第一版《爱你就像爱生命》,此书系王小波生前从未…
安娜·卡列尼娜	《安娜·卡列尼娜》是托尔斯泰第二部里程碑式的长篇小说,创作于 1873—1877年。作品由两…
安徒生童话	安徒生(1805—1875),世界上最著名的童话作家之一。《安徒生童话》是他的毕生之作。《皇…
傲慢与偏见	本书描写傲慢的单身青年达西与偏见的二小姐伊丽莎白、富裕的单身贵族彬格莱与贤淑的大小…
把日子过得…	一辈子很短,要么有趣,要么老去\n在有限的生命里做一个有趣的人\n老舍先生认为,真正的生…
把碎片化时…	野口悠纪雄在本书中主要讨论了节约联系和寻找文件过程中的时间管理。技术进步让我们的工…
霸王别姬	婊子无情,戏子无义。婊子合该在床上有情,戏子只能在台上有义。台上,一生一旦,英雄美…
白城恶魔	《白城恶魔》是美国作家埃里克·拉森的长篇犯罪纪实小说代表作。\n1893年,镀金时代的美国…

图 6-22 数据说明

6.7.2.2 开始动手

1)搭建工作流

如图 6-23 所示建立图书分类工作流,或者直接打开"橙现智能"提供的"主题模型"工作流。

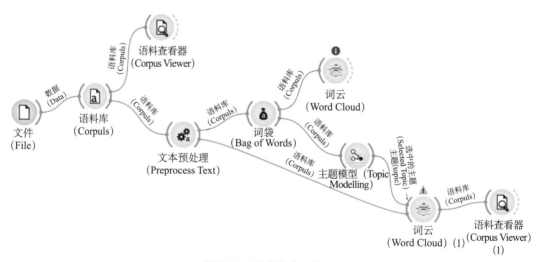

图 6-23 图书分类工作流

2)导入数据

如图 6-24 所示使用"文件"小部件,导入"书籍 .xlsx",并按照图 6-24 所示设置各特征的"角色"。

图 6-24　导入数据

将"文件"小部件输出的数据接入"语料库",如图 6-25 所示,"语料库"使用的文本特征设置为"书名和简介",然后可以使用"语料查看器"查看语料的相关信息。

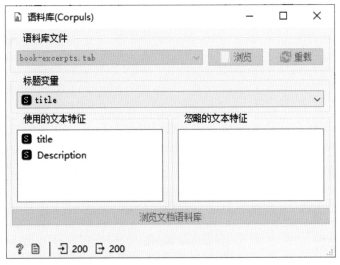

图 6-25　"语料库"设置

3)文本预处理

接着最关键的就是使用"文本预处理"小部件对文本进行预处理(图 6-26)。

在"变换"部分,我们去除不需要的一些文本,这里使用了"去除 html 标签"和"去除 urls"。

在"分词"部分,使用了"结巴中文分词"。

在"过滤"部分,过滤掉不需要的一些文本,使用了"停用词""正则表达式"和"文档频率"（这里细节内容过多，超出了本书的范围，感兴趣的同学可自行查阅文档）。

在"N-grams 范围"部分使用 1 到 1，即只选择 1。读者可以试着自行调整。

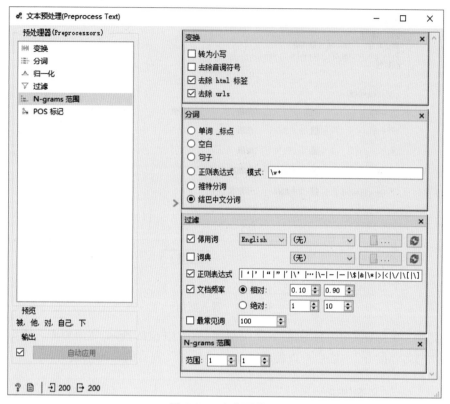

图 6-26　文本预处理

文本预处理之后，设置"词袋"的词频为"个数"，就可以通过"词云"初步查看分词结果了。

4）使用主题模型

接下来，将处理好的文档数据通入"主题模型"小部件，如图 6-27 所示，这里我们可以选择"Latent Dirichlet Allocation"主题模型（对该主题模型感兴趣的话，可以自行搜索"Latent Dirichlet Allocation"），主题数目设为 2 或者其他值。可以在右侧发现每个主题的关键词，选中某一个分类。

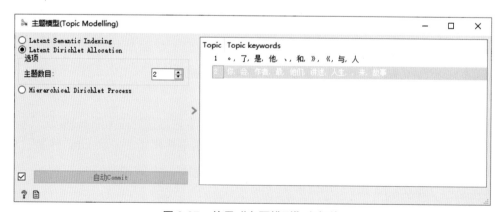

图 6-27　使用"主题模型"小部件

6.7.3 查看结果

接着在词云中的"词和权重"部分，按照"weight"排序，选中最上面的若干词汇，如图 6-28 所示，此时，通过"语料查看器"观察输出的与所选中词汇相匹配的书籍，从图 6-28 所示的图片可以看出，与所选中词汇相匹配的文档共 69 篇。

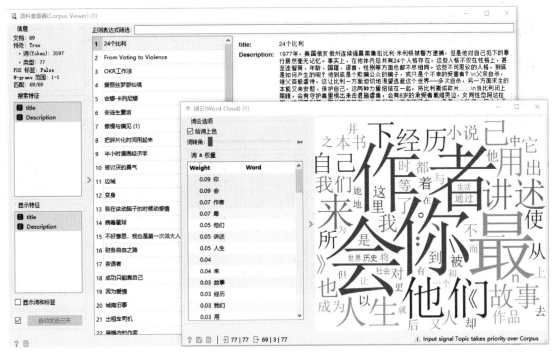

图 6-28　语料查看器

这样，我们就可以根据模型给出的分类，对书籍有一个初步的分类，然后就可以在此基础上再进行人工细分了。

6.8　本章项目实训

实训引入

采用了深度学习技术之后，我们能完成什么任务呢？这里，我们体验一下智能创作。

实训目的

（1）了解深度学习给自然语言处理带来的功能。

（2）了解自然语言处理更多的应用场景。

实训内容

使用百度的自然语言处理的智能创作平台（智能创作平台相关说明参考：https://cloud.baidu.com/doc/NLP/s/ik3hbjj0v），自动生成一个天气播报。

人工智能基础

实训步骤

1. 登录平台

登录平台（https://login.bce.baidu.com/），如果没有账号的话，可以免费注册。登录之后单击页面左上角的"产品服务"，找到"智能创作平台"（图6-29）。

图6-29　单击"产品服务"，找到"智能创作平台"

2. 创建应用

单击"创建应用"按钮（图6-30）。

概览					
应用	用量				请选择时间段 2021-05-27 - 2021-05-27
	API	调用量	调用失败	失败率	详细统计
已建应用: 1个	结构化数据写作	0	0	0%	查看
管理应用	智能春联	0	0	0%	查看
创建应用	智能写诗	0	0	0%	查看
	预置数据参数列表	0	0	0%	查看

图6-30　创建应用

在出现的页面中填写提示的信息，然后单击"立即创建"按钮即可（图6-31）。
然后在应用列表中，出现应用信息（图6-32），这些信息在后面的工作中会用到。

3. 创建项目

接着单击图6-32中的"我的写作项目"，在新页面中单击如图6-33所示的十字叉创建新的项目。

创建新应用

* 应用名称:	请输入应用名称
* 应用类型:	游戏娱乐 ⌄

* 接口选择: 勾选以下接口,使此应用可以请求已勾选的接口服务,注意智能创作平台服务已默认勾选并不可取消。

- ⊟ 智能创作平台 ✓ 结构化数据写作 ✓ 智能春联 ✓ 智能写诗
  ✓ 预置数据参数列表
- ⊞ 语音技术
- ⊞ 文字识别
- ⊞ 人脸识别
- ⊞ 自然语言处理
- ⊞ 内容审核 ⓘ
- ⊞ UNIT ⓘ
- ⊞ 知识图谱
- ⊞ 图像识别 ⓘ
- ⊞ 智能呼叫中心
- ⊞ 图像搜索
- ⊞ 人体分析
- ⊞ 图像增强与特效
- ⊞ 机器翻译

* 应用描述: 简单描述一下您使用人工智能服务的应用场景,如开发一款美颜相机,需要检测人脸关键点,请控制在500字以内

立即创建   取消

图 6-31   填写信息

图 6-32   应用信息

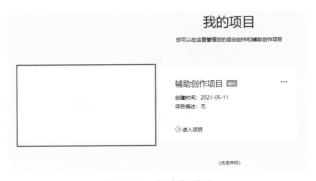

我的项目

您可以在这里管理您的自动创作和辅助创作项目

辅助创作项目 辅助   ···

创建时间: 2021-05-11
项目描述: 无

⊙ 进入项目

《免责声明》

图 6-33   创建新项目

然后选择"自动创作"（图 6-34），再选择"天气预报推送"（图 6-35）即可，在编辑好模板后，可以单击界面右上角的模板生效。

请选择新建的项目类型

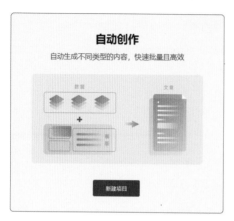

图 6-34　选择自动创作

当前部分为自动创作中的结构化数据写作

依赖于系统预置或您上传的数据，请选择您要使用的类型

（例如：生成天气预报，可使用系统预置的气温、城市等数据。生成自定义数据文章，需您提供数据。）

图 6-35　选择写作类型

在项目列表页面，单击项目卡片的"查看生成记录"（图 6-36）。

天气预报写作 自动 　　　…

创建时间：2020-11-11
项目描述：无

⊙ 进入项目　　回 查看生成记录

图 6-36　单击项目卡片的"查看生成记录"

在出现的页面中，找到"项目ID"备用（图6-37）。

图6-37 找到项目 ID

4. 开始播报

在"橙现智能"的"深度学习"模块，找到"天气播报"小部件。在输入框中输入对应的内容，单击"运行"按钮即可看到对应信息的天气播报（图6-38）。

图6-38 天气播报

实训报告要求

详细描述项目实训的过程及结果，分析本实训可能用到了哪些深度学习技术。

6.9　本章小结

本章介绍了不使用神经网络的传统的方法进行自然语言处理。重点是理解自然语言处理的数字化方法，了解神经网络语言模型的意义。通过使用"橙现智能"软件，读者可以完成语句的分词等基本任务，并理解在分词基础上可以进行更深入的分析。

6.10　本章课后练习

（1）简述自然语言处理中词嵌入的含义。

（2）在你的学习工作中有哪些场景可能会用到自然语言处理？

（3）在"橙现智能"对文本进行分类时，可以使用软件内置的哪些数据？

（4）探索"橙现智能"的自然语言处理模块功能。

爬行机器人

7.1 问题描述

今天放假，小明在宿舍看视频，发现了波士顿动力公司的大狗（Big Dog）视频（图7-1）。它能行走、奔跑、攀爬以及负载重物。大狗的四条腿和动物一样拥有关节，可吸收冲击能量，每迈出一步就回收部分能量，以此带动下一步。小明对这只狗产生了浓厚的兴趣，特别想自己也能有这么一只机器狗。而且，他还想知道这样的机器狗运用了什么原理，自己可以训练一只吗？

为了训练类似的机器人，我们需要强化学习。

图 7-1 波士顿动力的"大狗"

7.2 学习目标

知识目标

◆ 了解强化学习的含义
◆ 了解世界的不确定性

◆ 了解如何在不确定的世界做决策

◆ 了解 Q 学习的基本原理

技能目标

◆ 能够在不确定世界做简单决策

◆ 能够使用"橙现智能"训练爬行机器人

7.3 项目引导

7.3.1 问题引导

问题引导

小孩子学走路是一个自然而然的过程，每一个健全的小孩子都可以学会走路，这个过程是怎么进行的呢？

1. 小孩子是听从长辈指导如何走路的吗？或者手拿"走路宝典"吗？还是采用其他什么办法学会走路的？

_____

_____

2. 小孩子学走路的时候，不知道自己是否会摔倒，也不知道向前一步是会走向前方还是不小心偏到左右，既然这样，那一个小孩子为了向前走，为什么选择向前迈一步，而不是试试向左或者向右走通过"不小心"走偏到前方？

_____

_____

3. 小孩子学走路的时候会摔倒吗？摔跤对学走路有什么意义吗？

_____

_____

4. 小孩子学走路的时候一直不摔倒会很高兴吗？最终走到妈妈的怀抱会很兴奋吗？这些对学走路有什么意义吗？

_____

_____

7.3.2 初步分析

如图 7-2 所示，一个刚学走路的小孩子，正在跟跟跄跄地走向妈妈。小孩子体力还不太好，所以走太多步就会因为太累了而摔倒，为了能够最后走到妈妈怀里而不是摔倒，小孩子不断尝试探索各种走路方法。他每迈出一步，都想能够到达预期的位置，一条腿一旦迈开了，大概率还会到达预期的位置，但是仍然有不小的可能会到达另外的位置，这样就会站不稳甚至摔倒了。小孩子可能还记得以前是怎么跌跌撞撞地走的，今天他想再试一试了。神奇的是，今天小孩子可能是改进了走路方法，很快就走到了妈妈怀里。小孩子可能会琢磨，我这样走得够好了吗？以后就这样走就可以了吗？还是要继续试试其他走路方法呢？他决定还是要继续尝试，可能又想了，刚才走路方法相对以前特别好，但是以前的方法也不是没有借鉴意义吧？我是应该更多借鉴刚才的方法呢？还是更多借鉴以前的方法呢？

图 7-2　婴儿走路

7.4　知识准备

7.4.1　强化学习简介

强化学习就像是小孩子学走路，没有哪个小孩子学走路是拿着"走路宝典"学会的，每个小孩子都是靠不断地尝试、摔跤、站起来继续尝试这样不断的"迭代"学会的。著名的波士顿动力大狗也是靠多次摔跤才学会各种炫酷的动作的。在强化学习中，"小孩子"和"大狗"都是智能体。

从这个场景中，我们可以提炼出很多强化学习的知识。首先，我们先了解三个基本概念。

- 生存回报：可以看作小孩子的体力损失。每走一步都会减少一定体力，走太多次就累得走不动了。
- 状态：可以看作迈出一步走到的状态。很稳，容易摔倒，还是怎么样？
- 终结状态：这个例子中的终结状态就是最后是摔倒了还是走到妈妈怀里了。

我们可以将此动作导致的状态和回报看作是"反馈"。智能体在某种程度上使用反馈通过"强化学习"（Reinforcement Learning，图 7-3）来估计接下来怎么做会更好。

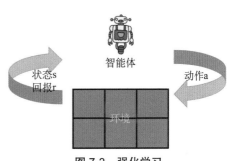

图 7-3　强化学习

知识准备

7.4.2 充满不确定性的世界

在现实世界中，我们的某一个动作不一定会带来特定结果，这个结果往往是不确定的，我们真实的世界是一个不确定的世界。如图 7-4 所示，机器人想向前走，但是最终会到达哪里，并不确定。

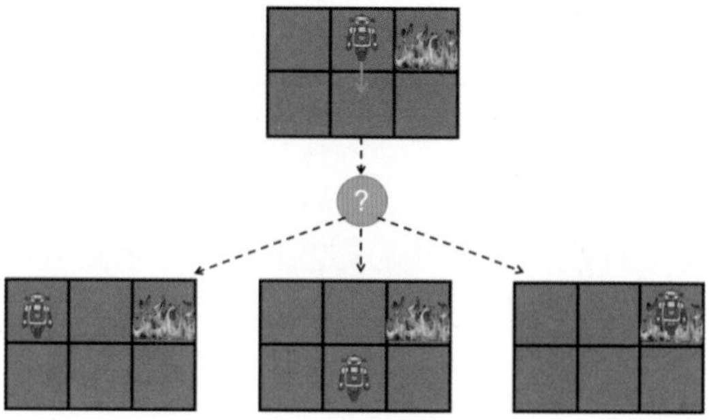

图 7-4 不确定的世界

7.4.3 不确定的世界如何做决策

如图 7-5 所示的世界中充满了危险和诱惑。如果是一个确定的世界，那机器人的选择将会很简单，直接走向钻石成为人生赢家。但是世界不是这么简单，是不确定的，有可能会走到火堆和大坑里，所以机器人会害怕，会不知所措，结果本应该向前走，但是一不小心可能摔倒了，掉坑里了或者掉火堆了。

想一想

● 如果没有不确定性，机器人要绕路吗？要绕多远？

_____

_____

● 如果有一点不确定性，机器人要绕路吗？要绕多远？

_____

_____

● 如果有很大不确定性，机器人要绕路吗？要绕多远？

_____

_____

图 7-5 中的智能体，开始处于起始状态，因为想要拿到钻石，所以会执行一系列的动作，而每执行完一个动作后，都会进入到某个新的状态。智能体在每一个状态都有若干动作可以执行，执行某个动作可以将状态更新。每一步的动作可能都会有某种回报 R。比如现在智能体所处的位置，得到向前走的命令，也可能不小心向左或者向右走，如果不小心掉入大坑，回报 R 就是 −1，如果幸运地拿到了钻石，回报 R 就是 +1。

可以想象，如果智能体很大概率听从指挥，那么直接向前走不仅不太会陷入危险境地，而且可能会更快拿到钻石。但是如果智能体经常不听指挥，可能会绕道，至于要绕多远，那就要看智能体有多不听话了。

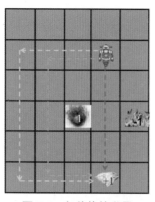

图 7-5 智能体的世界

这就像一个刚会走路的小孩子想要走到妈妈怀里，如果他很有把握，可能就会直接走过去，如果没有什么把握，可能会想别的办法，比如可以选择爬过去（慢一点）或走过去（可能比较危险）。

7.5 项目实战 1

我们在格子世界的游戏中感受一下这个不确定的世界。

格子世界

7.5.1 项目实施

7.5.1.1 项目介绍

如图 7-6 所示的格子世界中，1 和 −1 分别为终结状态的回报（终结回报），蓝色圆点为智能体，我们想要得分尽量高，这里就是得 1 分。这里可以使用键盘方向键体验智能体行动的控制。在没有噪音的情况下，使用按键可以快速控制智能体达到目标，这是确定世界的体验。但在控制智能体的时候，会有噪音，噪音会导致智能体不按照要求行动，比如要求向前走，智能体却可能不动，也可能向右或者向左（此程序不会向后）。通过增大噪音量，感受一下这个不确定的世界（使用键盘方向键控制智能体，到达目标后游戏不会结束，要再走任意一步才会结束）。想象蓝色的智能体是一个小孩子，1 代表走到了妈妈怀里，−1 代表摔倒了。其中，该项目可以在"橙现智能"中进行体验。

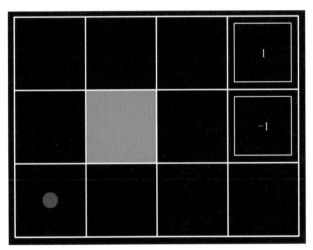
图 7-6 格子世界（1 和 -1 分别为回报值）

- 状态值：描述了在现在状态下可能会有的最好结果。比如走出一步，同样都是双脚着地，看似状态差不多，但是这个着地状态怎么样呢，会导致未来摔倒吗？还是未来能够继续走？
- 终结回报：就是最后到了某个最终的结果会得到什么。

7.5.1.2 项目设置

在"橙现智能"中，单击"强化学习"模块（图 7-7），然后单击"格子世界"小部件（图 7-8）。在中间的画布上出现此部件的图标，双击打开设置界面（图 7-9）。

图 7-7　"强化学习"模块

图 7-8　格子世界

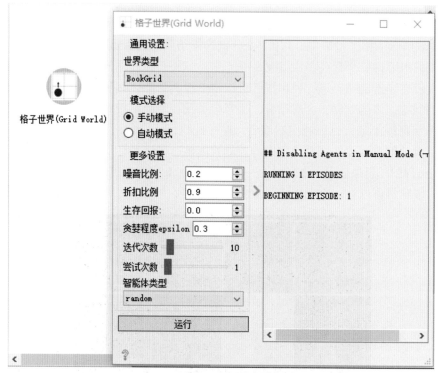

图 7-9　格子世界小部件设置界面

7.5.1.3　自动运行

如图 7-10 所示，我们主要设置三个位置，其他部分保持默认即可。一个是"自动模式"，开始之后程序就会自动运行。一个是"生存回报"，其设置为"0.0"，即设置每多走一步给予多少回报，在小孩学走路例子中相当于小孩子走路不耗费体力。最后一个就是"智能体类型"，设为"value"（此设置为计算方法，读者不需要理解）。设置结束后，单击"运行"按钮启动，出现如图 7-11 所示的初始界面。

选中初始界面，在键盘上按任意键，格子世界开始迭代计算，结果如图 7-12 所示，每个方框中的箭头表示最佳的行动方向，智能体朝此方向行动可以得最高分。在左下角的智能体可以按照图示的方向到达右上角 1 的位置。每个方框中的值就是朝最佳方向行动会带来的状态值。需要注意的是，程序默认有 20% 的可能性受噪音影响，也就是智能体会不听使唤地乱走。读者可以将模式调到"手动模式"来亲自感受下。

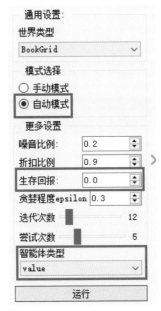

图 7-10　设置运行参数

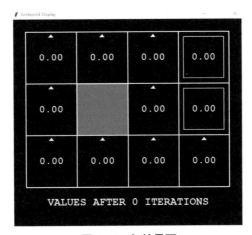

图 7-11　初始界面

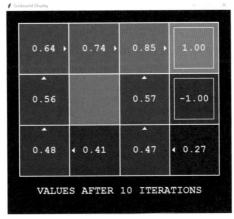

图 7-12　迭代计算

7.5.2 查看结果

运行结束后,可以看到如图 7-12 所示的结果。在这个例子中,虽然有了不确定性,但是从图 7-12 中可以看出,智能体还是一直朝着有更好终结回报的位置走。

7.6 深入分析 1

想一想

深入分析

假设我们在一个公司上班,公司领导分配了一个任务,你估计了一下此任务正常情况下需要 10 天做完。

(1)如果领导说任务每多做一天就多发 1000 元,超过 10 天没做完的话每天只多发 900 元,你会选择如何做?

_____

_____

(2)如果领导说任务每多做一天就多发 1000 元钱,超过 10 天没做完的话每天扣 1000元,你会选择如何做?

_____

_____

(3)如果领导说任务每多做一天就多发 1000 元钱,超过 7 天没做完的话每天扣 100 元,你会选择如何做?

_____

_____

(4)如果领导说任务每多做一天就多发 1000 元钱,超过 2 天没做完的话每天扣 1000元,你会选择如何做?

_____

_____

(5)如果领导说任务每多做一天就多发 1000 元钱,超过 2 天没做完的话每天扣 10000元,你会选择如何做?

_____

_____

(6)如果领导说任务每多做一天就多发 1000 元钱,超过 2 天没做完的话每天扣 100 万元,你会选择如何做?

_____

_____

如何理解生存回报呢？智能体走任意一步，不管怎么走，走到哪里，都会接收这个回报，它可能为正，也可能为负。这就是小孩子每走一步都会耗费一定的体力。不过如果我们忽略小孩子体力的问题，将小孩子学走路的生存回报变为每走一步就给某个奖励，小孩子可能就会尝试一直走从而能够一直得到这种奖励。

　　我们尝试将图 7-10 中的"生存回报"设置为一个正数，再运行程序。从图 7-13 可以发现没有哪个方框的智能体想要进入"1"或者"-1"的位置。

　　在"智能体类型"设置为"value"时，计算到最后会出现类似图 7-14 所示的结果图。这个图实际是 Q 值结果。当我们修改"智能体类型"为"q"，当程序计算完成后，就会出现 Q 的结果图，这不是像图 7-13 一样显示某个状态值，而是分别给出对应上下左右四个方向走的得分，这些得分我们起名叫作"Q 值"。智能体会沿着 Q 值最大的方向行动。其实，这个最大的 Q 值就是上面所述的状态值。

　　将"生存回报"设置为一个正数，"智能体类型"设置为"value"后，程序计算完成后的结果如图 7-14 所示，通过该图可知，如果"生存回报"为正数，智能体会一直"磨洋工"，一直不愿意结束自己的工作。这就好比一份工作量确定的工作，正常情况下一个小时可以做完，但是公司按照工作时间长短付钱，每一个人可能都会选择拖时间吧。

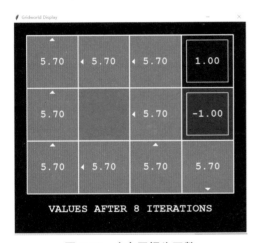

图 7-13　生存回报为正数

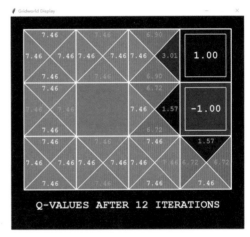

图 7-14　结果 Q 值。背景颜色越亮 Q 值越大，背景颜色越暗 Q 值越小

- Q 值：往哪个方向迈出一步呢？如果选定了一个方向迈步，一旦抬起一条腿，最终会向前稳稳走一步？还是差点跌倒？还是其他什么可能？综合考虑这些可能的状态给出一个评分，这就是 Q 值。可以发现 Q 值和迈出的方向有关系，不同的方向会有不同的 Q 值。

　　"智能体类型"仍然设置为"value"，此时如果"生存回报"设置为"-0.1"，则出现如图 7-15 所示的结果，智能体会努力朝着成功的"1"前进。这就像刚才那份工作，要求一小时完成，每多一个小时扣一些钱，大家就会尽快完成了。在小孩子学走路例子中，就是每走一步就会损失一点体力，小孩子就会想尽快走到妈妈怀里。

　　如果"生存回报"设为"-2"时，会出现如图 7-16 所示的结果，智能体会不择手段地尽快结束任务。这就像刚才那份工作，要求一分钟完成，每多一分钟扣 1 万元，如果有人就差一步完成了，那他就会直接做完。如果可以辞职不干（图中蓝圈选中的位置），大家就会选择直接辞职不干了，直接跳入"−1"。这是因为生存的"惩罚"太过分了，任何尝试都是没有意义的。在小孩子学走路例子中，这就像他可能脚特别疼，无法走路，如果旁边正好有妈妈在，他会尽量倒向妈妈，如果旁边没有妈妈，他情愿干脆摔倒。

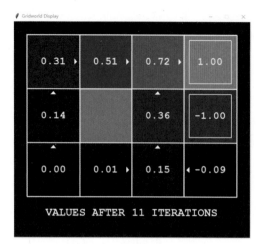

图 7-15　生存回报 −0.1

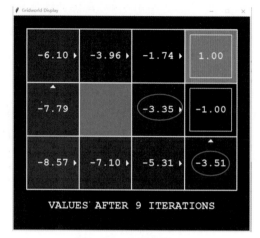

图 7-16　生存回报 −2

7.7　项目实战 2

Q 学习在强化学习中具有极其重要的意义，其具体含义较复杂，这里我们只在软件中感受一下即可。

设置"智能体类型"为"q"（即使用 Q 学习），"尝试次数"设 5（图 7-17）。单击"运行"按钮，出现如图 7-18 所示的格子世界。

格子世界 Q
学习

图 7-17　Q 学习设置

在图 7-18 中，右上角没有显示回报值，说明这里我们开始并不知道目标在哪里，一切都需要探索。

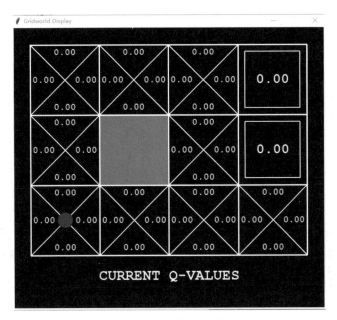

图 7-18　强化学习格子世界

　　第一次尝试，智能体选择自己的动作，如果进入了右上角的方框，走出之后会显示图 7-19 所示的数值，绿色代表正向反馈。这就好比小孩第一次走到了妈妈怀里，感觉在妈妈怀里真好。

　　如果进一步试图进入右上角的绿色方框并走出，如图 7-20 所示，紧邻绿色方框的方框朝向绿色方框的 Q 值变成了 0.23，而且绿色方框分数也增大了，说明第二次受到奖励，智能体更确信到这里有好处了。好像小孩子两次在这里走到了妈妈怀里，他就会变得更加确信来这里可以走到妈妈怀里。另外，变动的那个 0.23 的 Q 值是因为小孩子发现往这个方向走可以走进妈妈怀里，就把这个方向的 Q 值升高，下次再一次到了这个方框，如果按照哪个方向 Q 值大就朝哪个方向走的话，就可以走到妈妈怀里了。

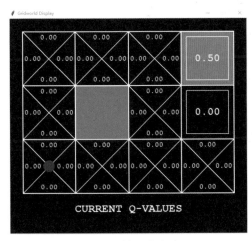

图 7-19　第一次尝试

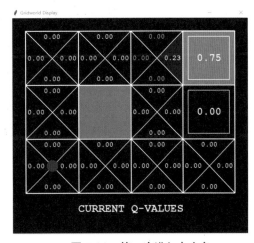

图 7-20　第二次进入右上角

　　如图 7-21 所示，智能体又一次试图选择动作，它尝试走到终结回报最高的位置，它就会标记一路走过的路线，把它认为好的方向记录为更高的 Q 值。

学习结束后，应该可以看到类似图 7-22 所示的结果。这里每一个方框内有 4 个方向的值，这个值就是计算得到的 Q 值。

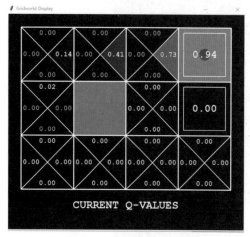

图 7-21　第三次尝试

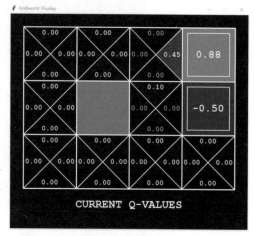

图 7-22　格子世界

值得注意的是，如图 7-23 所示，如果智能体从来没有到过 1 的位置，它仍然知道不要做坏的选择。差的选择，即 Q 值为负数，其他为 0，而智能体会选择最大的 Q 值，所以不会选择负数的 Q 值，最终也可以达到优化策略的目标。就像小孩子学走路，虽然没有发现走到妈妈怀里的方法，但是可能会先发现了如何不摔跤，这样也能保证他不做出差的选择。

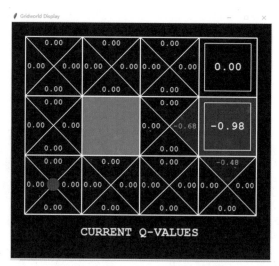

图 7-23　从来没有到过 1 的位置

为了更快地加以体验，也可以如图 7-24 所示将"模式选择"设为"自动模式"，并将"尝试次数"增大为"20"。

如图 7-25 所示为最终结果，我们从绿色的深浅可以比较清晰地看出智能体选择的路径。

通过这个我们称之为"Q 学习"的过程，智能体可以在未知的环境中，依靠尝试找到自己最佳的行动方法。

图 7-24　设置为自动模式

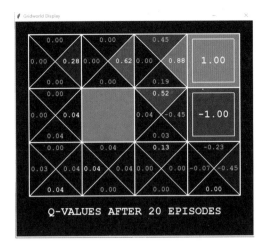

图 7-25　最终结果

7.8　深入分析 2

7.8.1　探索与利用

前面提到了智能体需要自己去"选择"动作，但是怎么选择呢？我们可以把智能体看成一个贪吃的小孩子，他特别想找到最好吃的糖，但是在他那个不确定的世界中，他必须花大量时间探索，否则没办法找到好吃的糖。怎么平衡找糖和吃糖两个任务呢？

- 探索：这样走更好吗？还是那样走更好？
- 利用：这样走不错，我按这个方法这样走了。

我们可以尝试给贪吃行为的"贪婪性"做一个量化：ε(Epsilon)。每次行动都有 ε 的可能性随机行动，而 ε 的可能性遵循现在的策略行动（图 7-26）。这个方法就是 ε 贪婪（ε-greedy）。

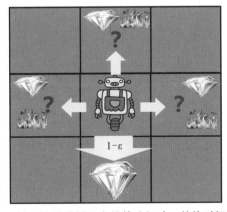

图 7-26　ε 的可能性遵循现在的策略行动，其他时候随机探索

假如 ε 很大的话，智能体将会花大量时间探索，很快就可以学习到"好吃的糖在哪里"。

但是已经基本上确定找到最好吃的糖以后，还要花大量时间探索而不是直接去吃糖这显然不是一个很好的选择。假如 ε 很小的话，智能体将会花少量时间探索，很慢才可以学习到"好吃的糖在哪里"。因为迟迟找不到好吃的糖而将就自己这也不是一个很好的选择。为了解决这个问题，我们可以先以一个较大的 ε 开始，然后在探索过程中慢慢降低 ε。这就是为了学习到更好的 Q，我们要探索，但是为了现有的最大回报，我们最好可以"利用"现在的模型（利用：因"利"而"用"，不仅仅是"使用"）。

7.8.2 学习率

在上面的过程中，我们努力找到好吃的糖的位置。但是会不会由于异常原因，我们刚才找到的位置其实只有一粒糖好吃？我们也不能太武断地决定此位置的糖就肯定好吃。经验告诉我们此位置不太可能有什么好吃的糖。如何平衡历史经验和当前体验呢？我们可以使用"学习率"（Learning Rate）！学习率告诉我们当前体验相对历史经验有多大成分会影响我们的判断。如果学习率很大，我们就会以当前体验为主，忽略历史经验，显得比较武断。如果学习率很小，我们就会以历史经验为主，忽略当前体验，显得比较谨慎。如何设置学习率，也是一个重要的技术。具体的设置，在每个任务中都会不同，一般来说开始的时候设置较大的学习率进行快速学习，随后降低学习率慢慢学习。

- 学习率：在小孩子学走路例子中，类似今天的当前经验不错，以前的历史经验也不错，怎么权衡？各占 50% 的权重。比如历史经验说每次向前走 20 厘米，但是当前经验说应该走 25 厘米，小孩子该怎么做决定？如果是小心谨慎的小孩子，可能会更倾向于历史经验，也许下一步会尝试迈出 21 厘米，这个情况就是学习率较小时的情况。如果是较为莽撞的小孩子，可能会更倾向于当前经验，也许下一步会尝试迈出 24 厘米，这个情况就是学习率较大时的情况。

7.9 本章项目实训

实训内容

这部分我们使用 Q 学习训练爬行机器人（图 7-27），尝试让机器人尽快到达右边。

爬行机器人

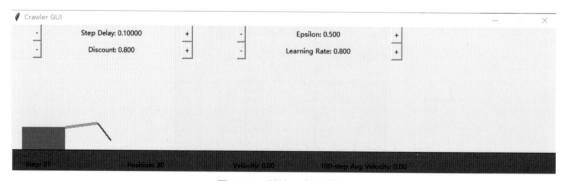

图 7-27 训练一个机器人

实训步骤

（1）打开"橙现智能"中"强化学习"模块下的"爬行者"小部件，观察爬行机器人的行动。

（2）尝试修改学习率（Learning Rate）。

（3）尝试修改 ε(Epsilon)。

实训报告要求

详细描述项目实训的过程及结果。

7.10　本章小结

本章介绍了强化学习的基础。真实的世界有着各种不确定性，强化学习帮助我们解决这类问题。通过对回报和 Q 值的感性认识，体验 Q 学习。接着介绍了探索与利用的作用、学习率的重要性，并亲自动手训练一个爬行机器人。

7.11　本章课后练习

（1）除了小孩子学走路，生活中有没有什么类似强化学习的例子？

（2）生活中有没有什么体现了合理设置回报的例子？

（3）你认为如何设置参数，爬行机器人会更快地到达终点？

人工智能应用展

8.1　问题引导

经过了一个学期的紧张学习，小明已经知道了人工智能的很多知识和应用技术。现在期末了，学校举办了一个人工智能应用展，这里会展出很多使用人工智能技术的科技成果（图8-1），可以让同学们更直观地感受到人工智能的魅力。人工智能都有哪些应用呢？我们一起和小明去看看吧。

图 8-1　2020 年 10 月韩国首尔人工智能展览会

8.2　学习目标

知识目标

◆　了解人工智能在图像领域的应用

- 了解人工智能在语言和语音方面的应用
- 了解迁移学习的基本原理
- 了解生成对抗网络的基本原理
- 理解推荐系统的基本原理

技能目标

- 能够使用"橙现智能"构建简单的推荐系统

8.3 展厅服务机器人

小明走到人工智能应用展大厅门口，那扇门缓缓打开了，一个甜美的声音随之响起："欢迎小明同学来到 AI 大厅。"小明有点纳闷："这是谁呀，我刚走到门口，就把我认出来了。"这时，他才发现，跟他对话的是一台摆在展厅门口的机器人。小明不由得产生了兴趣，他问："你是谁呀？你怎么知道我的名字？"机器 人脸识别

人回答："我是展厅智能个人助理啊，因为您是我们学校的学生，我们有您的身份信息，包括照片等，所以在您进入展厅之前，我们的摄像头已经从数据库中找到了您的个人信息，所以我们知道您是谁。""原来是这样啊，你们这个系统还蛮先进的嘛。"小明有点明白了，这个系统有人脸识别和语音识别功能。小明想试一下这个系统的语音识别功能，他换了粤语来问："你们这个智能个人助理可以帮我们做什么呢？"没想到，这个机器人竟然也能听懂粤语："我可以提供针对您的个性化服务，比如展厅介绍、展品细节等，根据我们的数据库显示，您对人工智能很感兴趣，您是否需要我们提供更多展品技术细节？""太厉害了，你们这个机器人真牛！我想知道你的工作原理。"

"好的，没问题，我主要使用了人脸识别和语音交互技术。下面我来给您说说我是怎么工作的吧。"

8.3.1 人脸识别

机器人使用人脸识别技术识别了小明。人脸识别可以在看到人脸之后回答"这个人是谁？"的问题。人脸识别的过程中有 4 个关键的步骤：人脸检测、人脸对齐、人脸编码和人脸匹配。

8.3.1.1 人脸检测

人脸检测的目的是寻找图片中人脸的位置。当发现有人脸出现在图片中时，不管这个脸是谁，都会标记出人脸的坐标信息，或者将人脸切割出来，如图 8-2 所示。

8.3.1.2 人脸对齐

同一个人会有的姿态和表情，即使这个人大笑或者大哭我们也可以识别出来。机器要做到这一点，就需要将人脸图像都变换到一个统一的角度和姿态，这就是人脸对齐，如图 8-3 所示。它的原理是找到人脸的若干个关键点（或称基准点，如眼角、鼻尖、嘴角等），将人脸尽可能变换到标准人脸。

图 8-2　人脸检测

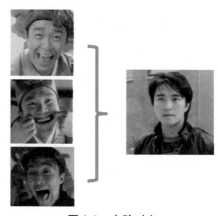

图 8-3　人脸对齐

8.3.1.3　人脸编码

经过前两步之后，人脸图像的像素值会被转换成一串数字（向量）。理想情况下，一个人脸会对应类似的一串数字（向量），如图 8-4 所示。

图 8-4　人脸图像转换为数字

8.3.1.4　人脸匹配

每个人脸都有了对应的一串数字，我们就可以根据这一串数字计算出最匹配的两串数字，从而找出某张图片对应的那个人是谁，如图8-5所示。

图 8-5　寻找最匹配的人脸

8.3.2　语音交互

语音交互指的是人类与设备通过自然语音进行信息的交互，如图8-6所示。首先使用自动语音识别技术（ASR）将语音转换为对应的指令文本，然后通过自然语言处理（NLP）将此文本转换为对应的机器可以理解的语言。接着使用内置的各项功能，处理用户的指令，最后通过使用语音合成技术，回复用户。

语音交互

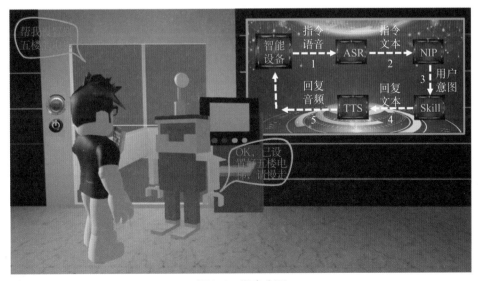

图 8-6　语音交互

8.4　人物动漫化

人物动漫化

小明继续参观展览，走入下一个展厅，他发现这里的大屏幕上有很多动漫人物在一个大厅里参观，仔细一看，这不就是现在的展厅吗？再一看，那些动漫人物不就是包括自己在内的参观者吗？小明想到这一定是人工智能在图像处理领域的一项重要应用，于是向旁边的服务机器人询问："这个肯定使用了深度学习吧？"机器人回答说："是的"。小明进一步问："但是这个技术具体怎么实现的呢？"机器人说："具体来说它应用了生成对抗网络，并利用生成对抗网络实现人物头像动漫化（图 8-7）。"

图 8-7　人物头像动漫化

8.4.1　生成对抗网络核心思想

生成对抗网络是由 Goodfellow 于 2014 年提出的一种生成模型，其核心思想是"零和博弈"。首先，我们通过下面例子大体了解一下生成对抗网络的核心思想[①]。

假如你是一名篮球运动员，你想在下次比赛中得到上场机会。于是在每一次训练赛之后你跟教练进行沟通：

你：教练，我想打球。

教练：（评估你的训练赛表现之后）……算了吧。

（你通过跟其他人比较，发现自己运球很差，于是你苦练了一段时间）

你：教练，我想打球。

教练：……嗯，还不行。

（你发现大家投篮都很准，于是你苦练了一段时间的投篮技术）

你：教练，我想打球。

教练：……嗯，还有所欠缺。

（你发现你的身体不够壮，被人一碰就倒，于是你去健身房加强锻炼）

……

通过这样不断的努力和被拒绝，你最终在某一次训练赛之后得到教练的赞赏，获得了上场的机会。

在这个过程中，所有的候选球员都在不断地进步和提升。因而教练也要不断地通过对比场上球员和候补球员来分辨哪些球员是真正可以上场的，并且要"观察"得比球员更频繁。随着大家的成长，教练也会变得越来越严格。

---

① https://cloud.tencent.com/developer/news/111670

8.4.2　生成模型和判别模型

生成对抗网络模型主要包括两部分：生成模型和判别模型。生成模型是指我们可以根据任务、通过模型训练输入的数据生成文字、图像、视频等数据，类似上述篮球运动员不断训练的过程。判别模型会对生成模型生成的图像等数据进行判断，判断其是否是真实的训练数据，类似上述篮球教练不断判断运动员训练效果的过程。

对于生成对抗网络，一个简单的理解就是上面展示的博弈过程，可以将生成模型和判别模型看作博弈的双方，再比如在犯罪分子造假币和警察识别假币的过程中：

- 生成模型相当于制造假币的一方，其目的是根据看到的钱币情况和警察的识别技术，去尽量生成更加真实的、警察识别不出的假币。
- 判别模型相当于识别假币的一方，其目的是尽可能地识别出犯罪分子制造的假币。这样通过造假者和识假者双方的较量和朝目的的改进，使得最后能达到生成模型尽可能生成真的钱币、识假者判断不出真假的纳什均衡效果（真假币概率都为0.5）。

可以将上面的场景映射成图片的生成模型和判别模型之间的博弈过程，博弈的简单模式如下：生成模型生成一些图片→判别模型学习区分生成的图片和真实图片→生成模型根据判别模型改进自己，生成新的图片→判别模型再学习区分生成的图片和真实图片……

上面的博弈场景会一直继续下去，直到生成模型和判别模型无法提升自己，这样生成模型就会成为一个比较完美的模型。

8.5　智能音乐创作

小明准备进入下一个展厅——音乐厅了。音乐厅外表看起来并没有什么新奇之处，进去之后立即就听到了优雅的音乐，但是这个和人工智能有什么关系呢？定睛一看，这些音乐不是来自展厅的音响，而是来自一个个机器人乐师（图 8-8）。这些机器人结构各具特色，造型各异。小明好奇地按下了一个显眼的绿色按钮，上面写着"创作音乐"，瞬间一首动听的乐曲在机器人的手臂下奇迹般地奏响了。小明是个音乐爱好者，对有名的乐曲可谓耳熟能详，但这首曲子却从来没听过，只觉得特别好听，不禁陶醉其中。

智能音乐创作

图 8-8　机器人乐师

小明猜到机器人演奏乐器应该与复杂的控制系统和强化学习有关，但是创作音乐是怎么回事呢？他又找来展厅机器人帮忙。展厅机器人解答说："人工智能创作音乐也是借助深度学习来实现的。"

8.5.1 人工智能如何创作音乐

音乐向来被公认为是最能表达人类复杂情感的艺术形式之一，而那些伟大的作曲家则被推崇为拥有神圣的灵感和技艺。那么，快速进步的人工智能可以创作出打动心灵的优美乐曲吗？或者说，有朝一日，它会取代人类作曲家，创作出更加好听的音乐吗？

典型的人工智能创作音乐是借助深度学习来实现的，和 AlphaGo 有着很大的相似之处。借助大量的原始音乐素材，从热门舞曲到经典的轻音乐，深度学习的长短期记忆网络算法（LSTM）通过分析，找到其中潜在的模式，进而学习到节奏、长度及音符之间的关系，然后就可以写出自己的旋律，基本过程如图 8-9 所示。

图 8-9　深度学习算法自动生成音乐的基本过程

8.5.2 什么是自动音乐生成

我们可以把音乐看作不同频率的音调的集合。因此，音乐的自动生成是一个计算机创作一小段旋律的过程，并且在这个过程中人的介入较少。那么，接下来先介绍产生音乐的最简单形式。

事实上，任何音乐都是从随机选择声音并将它们组合成一段旋律开始的。早在 1787 年，莫扎特就提出了一个骰子游戏（图 8-10），目的就是随机地进行声音选择。他手工创作了近 272 个音调，然后，根据两个骰子的总和来选择一个音调。

莫扎特方法的原理实际上是利用统计和概率的概念来创作音乐——通常被称为随机音乐。因此，音乐可以定义为偶然发生的一系列声音元素。这样，我们就可以借助计算机实现自动音乐生成。

图 8-10　莫扎特掷骰子

8.5.3　怎样利用深度学习实现自动音乐生成

利用人工智能创作的音乐，可能是为我们每一个人量身创作的，比如可能参考你的音乐偏好、身体习惯甚至心跳数据，等等。采用深度学习的方法创作音乐，也是通过大量的音乐数据进行模型训练，之后采用训练好的模型自动生成音乐。比如某个音调之后应该接着哪一个音调呢？莫扎特试过了掷骰子的方法，他的模型就是一个随机发生器模型。我们训练出来的深度学习模型根据输入参数，将会为下一个音调产生一系列概率不等的候选者，然后根据概率随机选择一个音调，如此反复直到创作完成。

8.6　站在巨人肩膀上

小明兴高采烈地进入了下一个展厅，这里没有什么炫目的机器人，也没有什么震撼的大屏幕，所有人都在"玩手机"，小明觉得很不可思议。突然，有一个展厅服务机器人走过来，跟小明说："同学，您有什么想法吗？"小明不解地问："什么？"机器人接着解释说："这个展厅，是帮助各位参观者训练自己的模型，比如您有一些需要分类的图片，那么用我们的 App，自己打好标签，就能很快训练出一个自己的模型了。"小明一听很兴奋："这个太好了！我很喜欢花草，家里也种了不少花，但是自己种的花经常死，也不知道为什么，人工智能能帮我解决吗？"机器人说："当然可以，只要您有足够的对应图片数据就可以了。"小明有点为难："需要很多吗？我找不到很多啊。听说深度学习需要海量数据才能训练出来好的模型，我没有啊。"机器人笑着说："不需要那么多，我们采用迁移学习，就可以站在巨人的肩膀上了！"小明疑惑地问："迁移学习怎么解决这个问题？"

站在巨人
肩膀上

8.6.1　迁移学习概述

迁移学习就是把已经训练好的模型参数迁移到新的模型中来帮助新模型训练。考虑到大部分数据或任务是存在相关性的，所以通过迁移学习，我们可以将已经学到的模型参数（也可理解为模型学到的知识）通过某种方式来分享给新模型，从而加快并优化模型的学习效率，不用像大多数网络那样从零学习了，就相当于新模型站在了旧模型的肩膀上，能够更快地进步。

人在实际生活中有很多使用迁移学习的例子，比如学会了骑自行车，就比较容易学摩托车；学会了 C 语言，再学一些其他编程语言会简单很多（图 8-11）。那么机器是否能够像人类一样举一反三呢？

图 8-11　知识迁移

8.6.2　深度学习和迁移学习结合

深度学习需要大量的高质量标注数据，预训练然后微调模型是现在深度学习中一个非常流行的技巧，以图像识别领域为例，很多时候会选择预训练的 ImageNet 对模型进行初始化。

首先下载训练好的模型，比如下面三个模型：

- 牛津 VGG 模型（http://www.robots.ox.ac.uk/~vgg/research/very_deep/）；
- 谷歌 Inception 模型（https://github.com/tensorflow/models/tree/master/inception）；
- 微软 ResNet 模型（https://github.com/KaimingHe/deep-residual-networks）。

也可以在 Caffe Model Zoo（https://github.com/BVLC/caffe/wiki /Model-Zoo）中找到更多的例子，那里分享了很多预训练的模型。

然后在下载的模型基础上，通过自己相对少量的模型参数微调方法训练模型即可（具体方法超出了本书范围，请有兴趣的同学自行搜索）。

在自然语言处理领域，也常常使用预训练的模型，再对特定的任务进行模型微调。

8.7　机器人服务员

时间过得真快，小明已经看了很长时间展览，感觉有点口渴了。他对展厅服务机器人说："我想要一杯橙汁。"很快就有一个机器人服务员端来了一杯橙汁，而且来的途中在人群中穿梭自如。小明非常好奇，向展厅机器人请教："这是什么机器人啊？"机器人说："这就是使用自动驾驶技术的服务机器人。采用自动驾驶技术，机器人能以远远高于人工的效率、更低的成本和错误率，昼夜不停地为人服务。"小明对此很感兴趣，展厅机器人便开始给小明详细介绍无人驾驶技术："自动驾驶汽车是通过车载传感系统感知道路环境，自动规划行车路线并控制车辆到达预定目标的智能汽车。"

8.7.1　自动驾驶级别

自动驾驶汽车的自动化程度分为 6 个等级（图 8-12）。

自动驾驶

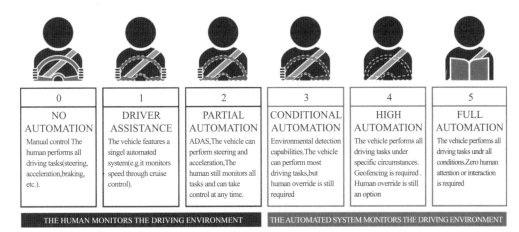

图 8-12　自动驾驶级别

级别 0：无任何自动化驾驶功能，行驶过程完全依靠人类司机控制汽车，包括汽车启动、行驶过程中的各种环境状况的观察、各种操作、决策，等等。简单来说，完全需要人类控制驾驶的汽车都属于这个级别。

级别 1：驾驶员辅助系统，车辆具有单独的自动化驾驶员辅助系统，如转向或加速（巡航控制）。自适应巡航控制系统可以让车辆与前车保持安全距离，驾驶员负责监控驾驶的其他方面（如转向和制动），行驶过程中将部分控制权交给机器管理，但是司机仍然需要把控整体，比如自适应巡航、应急刹车辅助、车道保持，等等。司机手脚不能同时脱离控制系统。

级别 2：部分自动化，行驶过程中司机和汽车共享汽车控制权，在某些预设环境下司机能够完全脱离控制系统，但司机需要随时待命，且需要在短时间内接管汽车。在此级别上，虽然系统控制着车辆操作（如加速、制动和转向），但需要驾驶员对自动驾驶系统进行持续监控。通常见到的车辆自适应巡航、车道保持等功能就属于这个级别的自动驾驶功能，该级别自动驾驶功能已经可以实现解放司机的双手或者双脚，但驾驶员必须保持注意，随时可能需要接管车辆。

级别 3：受条件制约的自动驾驶，属于此类别的自动驾驶汽车允许驾驶员执行其他任务（如发短信或看电影），而系统则控制了大多数汽车的运行。该级别自助驾驶汽车具有"环境检测"能力，可以自己根据信息做出决定，如加速超过缓慢行驶的车辆。但是这个级别的自动驾驶汽车仍然需要人类操控。驾驶员必须保持警觉，并且在系统无法执行任务时进行操控。

级别 4：高度自动驾驶，该级别自动驾驶汽车支持自动驾驶，而驾驶员的干预最少，但它仅在选定的称为地理围栏区域的地图位置中得以支持。

级别 5：完全自动驾驶，该级别自动驾驶汽车不需要人为关注，甚至都不会有方向盘或加速 / 制动踏板。它们将不受地理围栏限制，能够去任何地方并完成任何有经验的人类驾驶员可以完成的操控。完全自动驾驶的汽车正在世界各地的几个试点区进行测试，但尚未向公众提供，向公众提供这一服务尚需数年时间。但是可以想象一下，您上车后，说"送我去上班"，剩下的事情就交给汽车来处理，与此同时，您可以看看视频、吃个早餐。

8.7.2　自动驾驶原理 [①]

自动驾驶汽车的核心是感知能力，它有 4 种不同视野的眼睛，包括无线雷达、激光雷达、超声波雷达和摄像头，通过它们能得到不同的视野。在定位方面自动驾驶汽车使用 GPS 与惯性策略装置，再加上高精电子地图就能够实现非常精准的定位。

8.7.2.1　探测器

自动驾驶汽车需要安装多种探测器，比如激光雷达，即激光探测及测距系统，超声波雷达、GPS、摄像头等。

摄像头可以捕获更多的图像细节，比如要识别公路上的路标，我们需要在自动驾驶汽车上增加摄像头。摄像头能够得到自助驾驶汽车周围最准确的视图，提供最高分辨率的图像。摄像头受天气、时段影响很大，比如晚上光线不好，对摄像头影响很大。

对于捕获到的图像，要识别里面的物体就需要深度学习来帮助，其核心就是卷积神经网络。

自动驾驶汽车摄像头捕获的镜头通过深度学习能够识别出图像中包含的物体，比如行人、行车、交通路标等（图 8-13）。

图 8-13　自动驾驶汽车识别道路物体

8.7.2.2　路径规划

路径规划主要解决的问题是找到一条最快最安全的从起点到终点的路径，路径规划中有很多成熟的算法，比如 Dijkstra 算法、RRT 算法等。自动驾驶汽车的路径规划需要考虑多种因素的影响，比如车祸路道、交通拥堵等。

---

① 　https://juejin.cn/post/6844903960013176840

8.8 我知道你想买什么

一天的参观马上就要结束了，小明马上就要离开展览馆了，但是他依然依依不舍，不太愿意离开。这时，他走到了出口处的纪念品商店，这里有很多展览馆的纪念品，小明同学挑了几个之后正准备离开，收银机器人问小明："您还想要一个自己的动漫人物照片吗？"小明高兴地说："想啊！不过你怎么猜到我想要的啊？"机器人说："因为我有推荐系统啊！"小明很疑惑地问："什么是推荐系统呢？"机器人解释说："推荐系统根据用户的历史偏好和约束为用户提供排序的个性化物品推荐列表，更精准的推荐系统可以提升和改善用户体验。"

8.8.1 推荐系统概述

推荐系统通常可以根据用户偏好、商品特征、用户–商品交易和其他环境因素（如时间、季节、位置等）生成推荐结果。所推荐的物品可以包括电影、书籍、餐厅、新闻条目，等等。推荐系统的算法有很多，思路总体来说就是"因为和你类似的人也喜欢这个，所以推荐你也试试这个"或者"因为你喜欢这些，所以推荐你也试试这个"。

推荐系统

8.8.2 购物车推荐系统

在人工智能应用展中积聚了大量的纪念品交易数据，我们从各个顾客的购物车中，会发现买了啤酒的顾客，也很可能买尿不湿（这就是大名鼎鼎的啤酒和尿不湿的故事）。商家可以使用这种有价值的信息来支持各种商业中的实际应用，如市场促销、库存管理和顾客关系管理，等等。

比如：将经常同时购买的商品摆近一些，以便进一步刺激这些商品一起销售；或者，将两件经常同时购买的商品摆远一点，这样可能诱发买这两件商品的用户一路挑选其他商品。通常用"支持度"（Support）和"置信度"（Confidence）两个概念来量化事物之间的关联规则。它们分别反映所发现规则的有用性和确定性。比如：

手机 => 手机壳，其中 支持度 =2%，置信度 =60%

表示的意思是所有的商品交易中有 2% 的顾客同时买了手机和手机壳，并且购买手机的顾客中有 60% 的人也购买了手机壳。在关联规则的挖掘过程中，通常会设定最小支持度阈值和最小置性度阈值，如果某条关联规则满足最小支持度阈值和最小置性度阈值，则认为该规则可以给用户带来感兴趣的信息。满足最小支持度阈值的所有项集，称作频繁项集。

8.8.3 亲自动手

打开"橙现智能"，找到工具栏中"选项"下面的"升级与插件"，在打开的对话框中选择安装"Associate-zh"插件（图 8-14）。然后如图 8-15 所示建立工作流。

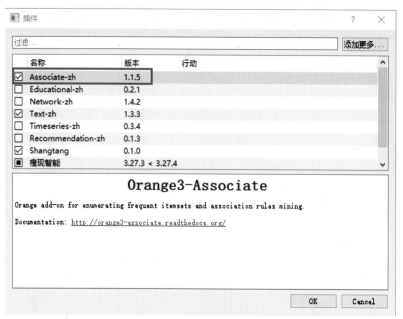

图 8-14　安装关联规则

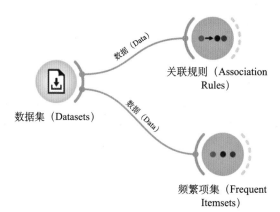

图 8-15　建立工作流

在"数据集（Datasets）"小部件中搜索"foodmart"，找到"Foodmart 2000"，双击下载（图 8-16）。

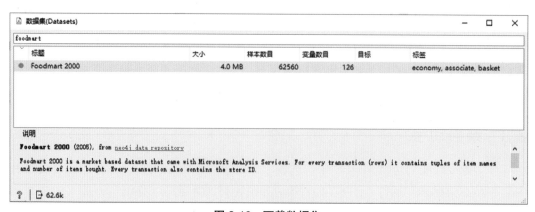

图 8-16　下载数据集

打开"频繁项集（Frequent Itemsets）"小部件，如图 8-18 所示，将"最小支持度"设置为"1%"。这就是设置找到的商品集合支持度必须大于 1%，否则不显示。

单击"寻找项目集合"按钮之后结果如图 8-17 所示（如果形式不太一样请单击"全部收起"按钮）。

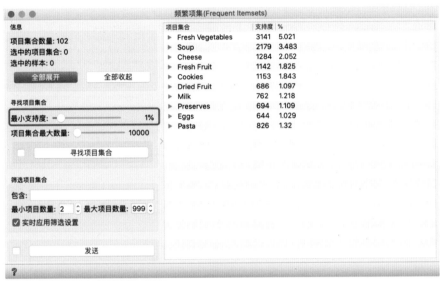

图 8-17　设置频繁项集

单击"全部展开"按钮可以看到详细结果（图 8-18）。可以看出，这个商店的"Fresh Vegetables"和"Fresh Fruit"等商品经常同时卖出。

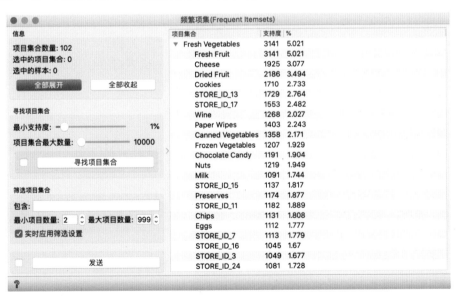

图 8-18　查看结果

但是如果一个人买了这个又买了那个，他还会买什么呢？我们再使用"关联规则（Association Rules）"小部件试试。

因为数据量大，很难有什么特别常见的购物组合，如图 8-19 所示，我们设置"最小支持度"为"0.01%"，然后单击"寻找规则"按钮。

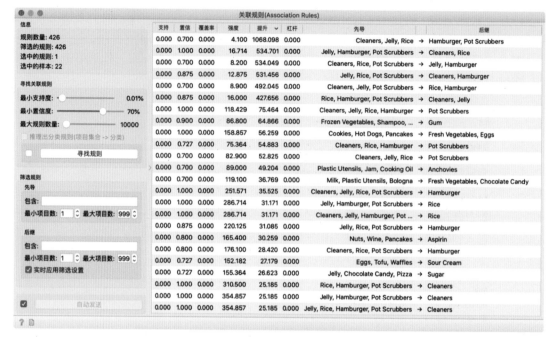

图 8-19　设置关联规则

有效的关联规则不一定有意义或有趣，比如 { 黄油 } → { 面包 } 这个规则的实用意义就不大，即便该规则的支持度和置信度都很高，因为这种关系显而易见，不需要关联分析也能发现。相反，{ 尿布 } → { 啤酒 } 的规则就有意义，因为这种联系出乎意料，可以为销售决策提供之前不知道的信息。

常用关联规则的提升度（lift）来衡量规则的实用性：

- 如果 $\text{lift}(A,B)<1$，则说明 A 的出现和 B 的出现是负相关的。
- 如果 $\text{lift}(A,B)>1$，则 A 和 B 是正相关的，意味 A 的出现对 B 的出现有促进作用。
- 如果 $\text{lift}(A,B)=1$，则说明 A 和 B 是独立的，没有相关性。

具有实用性的关联规则应该是提升度大于 1 的规则。

试一试

- 修改图 8-19 中的相关参数，试一试能否得到更好的推荐。

8.9　本章小结

本章通过人工智能应用展对目前人工智能的相关应用做了一个概述，介绍了人工智能在图像、自然语言、音乐、自动驾驶等方面的应用，开拓了同学们的视野和思路，了解人工智能可以应用在工作和生活中的方方面面，最后通过推荐系统的了解和应用，让同学们可以将不同的技术融会贯通。

8.10　本章课后练习

（1）举例说明生活中人工智能应用的例子。

（2）想一想有什么场景可以使用生成对抗网络。

（3）自己上网查阅更多的推荐系统例子，并分享给其他同学。

9 人工智能伦理

人工智能伦理

9.1 问题描述

小明来到某线上购物 App 的线下体验商城，一进门，机器人就说："小明你好，祝你购物愉快。"随即手机 App 提示："这是你今年第 5 次来到商城，打败了 68% 的用户。"小明突然感觉有种说不出来的不自在，但是还没有太在意。小明在商城逛了一天，没买什么东西，正准备要走的时候，手机 App 又发出了通知："小明，你确定不买东西就要走了吗？我猜你可能想要……"小明突然感觉毛骨悚然，自己的行动怎么被这个 App 完全掌握了？更让小明害怕的是，有一个商品的推广人竟然是自己，这怎么可能？自己从来没有拍过这个照片啊？小明深深地感受到自己的隐私受到各类商户 App 的侵犯。

9.2 学习目标

知识目标

- ◆ 了解人工智能可能带来的隐私权问题
- ◆ 了解人工智能可能带来的责任伦理问题
- ◆ 了解人工智能可能带来的安全风险问题
- ◆ 了解人工智能可能带来的版权问题

9.3 人工智能伦理概述

小明遇到的问题就涉及人工智能技术发展带来的伦理问题。

近年来，人工智能技术迅猛发展，在服务、物流、教育、无人驾驶、智慧城市、医疗、智能制造等领域应用广泛，为人类社会带来了巨大变革。人工智能技术在给人们带来巨大便利的同时，引发了系列伦理问题，诸如隐私权问题、责任伦理问题、安全风险问题、版权问题等，对人类社会带来不同程度的影响。例如，机器人取代流水线工人、速录机取代速录员等对劳动力市场带来巨大冲击，大数据杀熟、大数据滥用也侵犯了人类隐私。为了解决这些问题，2021 年 8 月，国家互联网信息办公室发布了关于《互联网信息服务算法推荐管理规定

（征求意见稿）》（下称《规定》）公开征求意见的通知。该《规定》辐射范围广泛，包括算法推荐可关闭，"大数据杀熟"被明令禁止等。这个规定将会极大地起到保护大家个人数据的目的。

9.4 隐私权问题

小明去某楼盘做销售兼职，培训阶段被告知可以通过某人脸识别软件辅助辨别客户是自然到访还是中介介绍，从而选择性地区分对客户买房的优惠程度。甚至有的软件 App 可以通过人脸识别系统进行大数据分析，获得客户个人的隐私信息（包括收入、征信、限购等），以及客户的购房需求和进入其他楼盘的情况。衍生出客户为避免被人脸识别，戴口罩、墨镜甚至头盔进售楼处看房（图 9-1）。目前存在具有人脸识别功能的人工智能软件被滥用，肆意侵犯用户隐私。2021 年工信部开始对各应用软件 App 侵权进行整治，防止个人信息被人工智能 App 滥用。2021 年 4 月，《信息安全技术人脸识别数据安全要求》国家标准（简称《国标要求》）征求意见稿面向社会公开征求意见，《国标要求》拟规定：不得强制刷脸、预测偏好，原则上不应使用人脸识别方式对不满十四周岁的未成年人进行身份识别。这项规定将会极大地保护大家的人脸数据，防止被不法利用。

人工智能发展的初衷是为了让人工智能技术服务于人类，给人类带来益处，现在存在的大数据滥用、人类隐私被侵犯显然不是人类发展人工智能的初衷。由于目前人工智能软件还没有达到自主思考的程度，人工智能侵犯隐私权实际是人工智能技术的使用者侵犯他人的隐私权。

图 9-1　客户戴头盔看房

9.5 责任伦理问题

小明下课后乘着无人驾驶小汽车出行，正值下班下课高峰期，车多人多，无人驾驶小汽车在避让人或车的过程中出现失误，造成交通事故（图 9-2）。小明在想：交警不会对我和同车人调查吧，我只是坐车的。这次交通事故的责任该怎么认定？

　　另外有一天，小明和朋友去餐厅吃饭，餐厅服务员已经换成了机器人，可能由于人多等原因，机器人在服务过程中不小心将汤洒了（图9-3），人有轻微被烫到，小明在想要找谁对这件事情负责？

图9-2　无人自动驾驶汽车造成交通事故示意图

图9-3　餐厅机器人送餐中出现意外事件示意图

　　小明遇到的这两种情况都涉及人工智能中的责任伦理问题。

　　人工智能的责任伦理问题是当今社会不可回避的重要议题。对于人工智能引发的责任伦理问题主要讨论人工智能产生的过失和对人类带来的损失由谁来负责。例如，小明碰到的由无人驾驶汽车造成的交通事故，发生汽车碰撞或意外撞到人或物，责任该归属于谁？餐厅机器人如果在端茶、送餐过程中发生诸如烫伤顾客等意外事件，责任该归属于谁？是人工智能产品的设计者、开发者还是使用者？责任主体的界定、责任划分等是人工智能技术使用中人类面对的一个难题。

9.6　安全风险问题

　　一天，小明的好友小林通过 QQ 找小明聊天，聊天过程中找小明借钱，小明看了看小林 QQ 头像，是小林本人照片，小明不放心，还问了小林一些私人问题，小林 QQ 号都能回答正确。于是，小明就将钱借给了小林。过几天，小明碰到了小林，无意提到借钱的事，小林却回应没有找小明借过钱，反复确认后是有人冒充小林身份找小明借钱。小明个人隐私泄露，并且有钱财损失，这里就涉及人工智能应用中的风险问题。

风险指的是遭受某种损失、伤害和不利后果的可能性。人工智能技术在人类生活中应用的同时可能会给人类带来信息安全风险、社会风险、经济风险等。

信息安全风险主要包括系统漏洞和数据泄露。当人工智能系统的安全防护措施不到位，可能被黑客、恶意者侵入并盗取信息、引发数据泄露。这可能导致个人财产损失。例如，前面小明钱财损失的例子，微信或 QQ 头像如果用真实的人脸图片，黑客可以根据这个图片，通过爬虫爬到这个人的身份证图片并对应，从而知道这个人的真实身份，用这个信息和真实用户的各种各样的其他信息连起来，然后用这个身份和微信、QQ 里的好友聊天，进行钱财诈骗，造成用户的个人隐私泄露和钱财损失。这样的案例在实际生活中有不少。

社会风险主要是人工智能技术的发展给社会带来的不利影响。恶意者可能利用"人脸伪造"用他人身份或不存在的身份做不道德或违反法律的事情，造成不良社会影响。下面介绍两个典型例子。

例子 1：随着 AI 技术的发展，AI 技术已经可将视频、图片中某个对象的人脸换成他人的人脸，用他人身份做不道德或违反法律的事情。网上也有不少换脸视频和换脸图片。这将导致换脸后人脸所属真实身份的个人行为安全受到侵犯。

本书引用商汤科技和新加坡南洋理工大学的研究者共同构造的人脸伪造检测数据集，他们对数据集进行了人脸互换操作，图 9-4 显示了对数据集中的原始人脸图片（Source 单词上面 3 张图片）进行处理，与目标人脸（Target 单词上面 3 张图片）进行互换，得到互换后的人脸（Swapped 单词上面 3 张图片）。

图 9-4　人脸伪造检测数据集 DeeperForensics-1.0

例子 2：在"查无此人"网站（全称：ThisPersonDoesNotExist.com）上，只有一张人脸，没有其他信息。生成的人脸都是不存在的，均由 AI 自动生成，发色发型、性别、肤色脸型等都是新的，且看起来很真实，但实际确实是"查无此人"，如图 9-5 所示。有的恶意使用者用假面孔生成假新闻、在媒体平台发布言论或者假扮用户推荐产品，达到自己的目的。

图 9-5　"查无此人"网站生成不存在的人脸

这两个例子中个人行为安全受到侵犯、人脸伪造制作者为达自己目的发布不实消息，对社会、公众产生不良影响，存在社会风险问题和侵犯他人隐私权问题。

9.7　版权问题

　　小明经常参加社团活动，在社团也承担一些海报设计的工作，小明使用某 AI 软件，将自己需要的设计风格、字体、形状、颜色等输入系统，系统自动生成相应的作品。小明不太确定用 AI 软件生成的艺术作品版权是否归于自己？这里涉及人工智能伦理里的版权问题。

　　现有 AI 技术已经可以在短时间内根据提供的各种素材，对各种产品自动设计，生成符合客户需求及美学概念的作品。那么，像小明利用 AI 软件生成的艺术作品版权该属于谁？是 AI 技术设计者、开发者还是小明（用 AI 技术得到艺术作品的使用者），抑或属于使用 AI 技术的软件本身？人工智能技术引发的版权问题也是当前人类讨论的议题。

　　2018 年第一个在设计质量上通过"图灵测试"的人工智能系统"月行"出现。"月行"系统设计的 70% 作品在质量上已经达到初级设计师水平，如图 9-6 所示。阿里集团的"鹿班"智能设计系统在 2017 天猫"双 11"活动期间，7 天内对各商品品牌自动设计生成 4 亿张电子商务场景海报，如图 9-7 所示。

图 9-6　"月行"系统设计作品

图 9-7　阿里"鹿班"智能设计系统设计作品示例

想一想

● 你身边碰到过人工智能带来的伦理问题吗？它们分别是属于哪方面的伦理问题？举例分析一下。

_____

_____

9.8　本章小结

本章介绍了人工智能可能会存在的伦理问题，通过隐私权、责任伦理、安全风险和版权等问题的介绍，使同学们了解了人工智能可能存在的伦理问题。

9.9　本章课后练习

（1）你认为人工智能还有哪些伦理问题？

（2）你认为人工智能可能存在的伦理问题是人的问题还是人工智能这项技术的问题？

参考文献

方滨兴.人工智能安全［M］.北京：电子工业出版社，2020.

Liming Jiang, Wayne Wu, Ren Li, Chen Qian, Chen Change Loy. DeeperForensics-1.0: A Large-Scale Dataset for Real-World Face Forger Detection. 2020.1. Computer Vision and Pattern Recognition. DOI: 10.1109/CVPR42600.2020.00296.

范凌.艺术设计与人工智能的跨界融合.刊登于《人民日报》2019年9月15日08版美术副刊.

反侵权盗版声明

电子工业出版社依法对本作品享有专有出版权。任何未经权利人书面许可，复制、销售或通过信息网络传播本作品的行为，歪曲、篡改、剽窃本作品的行为，均违反《中华人民共和国著作权法》，其行为人应承担相应的民事责任和行政责任，构成犯罪的，将被依法追究刑事责任。

为了维护市场秩序，保护权利人的合法权益，我社将依法查处和打击侵权盗版的单位和个人。欢迎社会各界人士积极举报侵权盗版行为，本社将奖励举报有功人员，并保证举报人的信息不被泄露。

举报电话：（010）88254396；（010）88258888
传　　真：（010）88254397
E-mail：　　dbqq@phei.com.cn
通信地址：北京市海淀区万寿路 173 信箱
　　　　　电子工业出版社总编办公室
邮　　编：100036